阅读成就思想……

Read to Achieve

新父母课堂系列

韩海英 著

战胜代际焦虑
父母越平和，孩子身心越健康

Overcoming Intergenerational Anxiety

The calmer the parents, the healthier the children

中国人民大学出版社
·北京·

图书在版编目（CIP）数据

战胜代际焦虑：父母越平和，孩子身心越健康 / 韩海英著. -- 北京：中国人民大学出版社，2022.5
　ISBN 978-7-300-30575-2

Ⅰ.①战… Ⅱ.①韩… Ⅲ.①父母－焦虑－心理调节－研究②亲子关系－家庭教育 Ⅳ.①B842.6②G78

中国版本图书馆CIP数据核字(2022)第065406号

战胜代际焦虑：父母越平和，孩子身心越健康
韩海英　著
Zhansheng Daiji Jiaolü：Fumu yue Pinghe，Haizi Shenxin yue Jiankang

出版发行	中国人民大学出版社		
社　　址	北京中关村大街31号	邮政编码	100080
电　　话	010-62511242（总编室）		010-62511770（质管部）
	010-82501766（邮购部）		010-62514148（门市部）
	010-62515195（发行公司）		010-62515275（盗版举报）
网　　址	http://www.crup.com.cn		
经　　销	新华书店		
印　　刷	天津中印联印务有限公司		
规　　格	148mm×210mm　32开本	版　次	2022年5月第1版
印　　张	7　插页1	印　次	2022年5月第1次印刷
字　　数	116 000	定　价	59.00元

版权所有　　　侵权必究　　　印装差错　　　负责调换

推荐序一

姜长青

首都医科大学附属北京安定医院主任心理师

中国心理卫生协会心理咨询师专业委员会主任委员

北京心理卫生协会理事长

我非常高兴能为海英博士所著的《战胜代际焦虑》撰写推荐序。这是一部我拜读过的最实用、有着较深理论功底的家庭心理教育专著。我认识海英博士多年,她是一位有着十几年临床经验的医生,也是一位执着于心理治疗的临床实践专家,在焦虑障碍认知行为治疗领域更是有着较为深入的探索和研究。

受工业化和城市化的迅速发展、社会传统思想和西方媒体信息观念的冲突、生活方式的改变和竞争加剧等诸多因素的影响,人群中最脆弱的群体(儿童和青少年)的心理健康发展面临着越来越多的挑战。全球范围内儿童和青少年的心理健康问题日益突出，各种心理和行为问题的发生率居高不下，甚至逐年上升。专家估计，我国儿童和青少年心理问题的患病率已接近国际上的 15%~20% 的平均水平，其中留守儿童、单亲儿童、独生子女的心理问题尤为凸显。

儿童和青少年的心理和行为问题可能受基因与遗传、孕期和围生期、家庭因素、社会因素以及学校等多种因素的影响。不过，很多研究发现，儿童和青少年的心理和行为问题与家庭因素关系最为密切，如不和谐的家庭氛围、亲子关系紧张、父母的不合理要求、对孩子责骂及期望值过高等，都极易令孩子的心理和行为问题的发生率明显增高。因此，解决儿童和青少年的心理和行为问题，需要从家庭教育入手。

拜读海英博士所著的《战胜代际焦虑》一书后，我的第一个感受是，海英博士明确提出的焦虑及焦虑的代际传递是造成儿童和青少年心理和行为问题的主要原因，具有重要的理论及实践意义。我的第二个感受是，海英博士依据认知行为治疗的理论框架为读者提供了大量的案例和自测量表，让人阅读起来一点也不会感到枯燥，而且实用性极强。父母在阅读后，即可针对孩子出现的不同的心理和行为问题以及家庭教育问题试用书中的方法。

我认为，这是一部不可多得的心理治疗科普专著，不仅适合父母阅读，还可为从事心理咨询和心理治疗工作的专业人士提供参考。

推荐序二

肖存利

北京市西城区平安医院院长、精神科主任医师

中国心理卫生协会特殊职业群体专业委员会副主任委员

认识海英博士已经10多年了。10多年前她从医院离开后,一直深耕在青少年心理服务领域,并成立了慧心源儿童心理咨询中心。我看到了慧心源不断成长,海英博士结合中国家庭传统特点以及心理学专业知识,在儿童心理服务中将认知行为治疗运用到极致,开设颇具特色的情商训练课程;她为处于困境中的家庭解决了困难,带来了希望,重建了家庭秩序;她帮助到了越来越多的孩子及其家庭,用自己的专业和善心服务社会。

近年来,社会各界越发关注孩子的心理健康。一方面,政府出台系列文件,包括《关于加强心理健康服务的指导意见》《全国社会心理服务体系建设试点工作方案》《关于印发健康中

战胜代际焦虑：父母越平和，孩子身心越健康

国行动——儿童青少年心理健康行动方案（2019—2022年）的通知》等，多角度地指导儿童青少年心理工作，提出"倾听一刻钟、运动一小时"、学业减负等。另一方面，学校也配备了心理教师，社会上也有很多专业机构进入儿童青少年领域，以服务学生、家庭。这些都需要无数个像海英博士这样的专业人士提供专业的服务，但现实是，专业人员不足。这样一来，科普宣教就是一架联结服务与需求的非常好的桥梁。社会需要专业人士撰写能让父母和老师看得懂的书籍，海英博士在之前的著作《情绪密码》和《情商密码》中告诉了人们情绪、情商是什么，这本《战胜代际焦虑》则是告诉父母和教育者如何做。

这本《战胜代际焦虑》指向现在教育中各种常见的焦虑问题，能帮助父母和孩子回归平和的状态，也就是海英博士提到的"父母越平和，孩子身心越健康"这种相辅相成、互为因果的关系。本书谈到了父母和孩子的焦虑，正常焦虑与过度焦虑的区别，在过度焦虑时父母是如何思考的、孩子是如何反应的，此时父母应如何处理以让孩子有更好的反应，以及如何完成心理循环，每章都穿插了一些案例，能帮助你更好地理解，具有实操性和可学性。

如果你是深陷困扰的父母，遇见这本书，就能为你"点亮一盏心灯"，帮助你穿越孤单与无助。你可以借助书中的实际操作步骤行动起来，改变自己的日常想法和行为，培养新的良好习惯，变得越来越平和，从而构建和谐的家庭关系。

推荐序三

陶丽（陶子欧）

清华大学社科院学院积极天性研究中心秘书长

曾任北京混沌创商院执行院长、心目教育董事长、阿里云高管

当海英博士邀请我为其新作《战胜代际焦虑》写推荐序时，我深感荣幸。我们是多年的好友，我见证了她从一位专业医生和研究人员转变为一位教育事业创业者的过程。七年前，从海英博士创立独立工作室起，她就已经从医学视角转换到了教育的视角，一步一个脚印地为一个个孩子做咨询，解决他们成长中遇到的烦恼。多年来，通过不懈的努力，海英博士及其团队越来越壮大，帮助了数不清的孩子和家庭。在这个过程中，我认为最宝贵的是她积累的大量实践案例和解决方案。

每个孩子都有与生俱来的天性和特质，我们希望每个孩子都能成为一道光。遗憾的是，越来越多的孩子会出现抑郁、焦虑、狂躁、自闭等心理或精神问题的孩子，如果问题严重，还会导致辍学、自伤、暴力、自杀、犯罪等后果，这是每个人都不愿看到的。如果把孩子比作小树苗，父母和家庭就如同孩子成长的土壤。土壤是扎根之处，如果树苗生病了或者长歪了，土壤自然难辞其咎。当然，我们不能把所有的问题都归咎于土壤，因为还有阳光、水分等诸多因素也会影响树苗的生长。不过，我们确实有必要了解有哪些因素会影响土壤的质量和树苗的发育。

多年来，海英博士从情商的角度切入，为大量焦虑或情绪失控的儿童和青少年及其父母做咨询。他们的问题到底出在了哪里？是什么导致了孩子的焦虑？又是什么导致了父母的焦虑？父母该怎么做才能让孩子更好地成长，让自己和家庭更加健康幸福呢？

我被这本《战胜代际焦虑》深深打动，不仅是因为书中的案例很生动，还因为书中提供了专业而又通俗易懂的分析和清晰的问题解决思路，以及许多可以自我检测和练习的实用工具。海英博士在书中由表及里地，从感性到理性，从认知到行为，引领读者探知情绪、心理、关系和教育等诸多问题。书中的案例几乎是无死角地覆盖了家庭教育和子女成长中可能遇到的各种困扰，任何人在看完此书后都很难说"这里面的问题我一个都没有"，它们就那么真实地发生在我们身边以及我们自己身上。这本书就像一面镜子，让身为父母的我们照见另一个"视而不见"的自己。当然，书中也有一些案例中的问题已发展到比较严重的程度，这些案例给我们敲响了警钟。冰冻三尺非一日之寒，我们从他人的成长轨迹中可以看见自己是否走在正确的道路上，以及是否该及时做出调整，以避免重蹈他人覆辙。

海英博士在本书中阐述并分析了现代社会普遍出现的焦虑问题。焦虑的反面是平和，这使我们更加深刻地反观到平和心态和平和教育的重要性。我相信，若不是看到那么多案例和分析，大多数人可能会对"平和"二字无动于衷。我为能够看到此书的父母感到庆幸，相信哪怕只有一个点戳到了你，也能给你带来启发。作为在积极教育和自我成长道路上探索的一分子，我也从这本书中汲取了许多营养。抛开教育的角度，你会发现这还是一本非常好的自我认知和情绪管理的书籍。

真心希望每个家庭都能够更加和谐，每个父母都能够更淡定、更平和，每个孩子都能够更健康、更阳光，成为更好的自己。

前言

对于以下想法,你可能并不陌生:

- 我不想管孩子这么多,但我就是控制不住。
- 孩子这个样子,我怎么能不着急?
- 完了,完了,孩子要是考不上好大学,以后就没有好工作了,这辈子不就完了吗!
- 都说不要管孩子,要是不管他,他真不学习呀,我怎么能不着急?

经过多年的针对儿童和青少年的心理咨询工作,我深深地感受到,在每个生病的孩子身后,都站着一个焦虑的养育者团队,这个团队的规模可能是一个人,也可能是两个人,还可能是多个人。孩子的心理困惑或问题的轻重,在很大程度上取决于这个养育者团队会带给孩子多少焦虑情绪。养育者(尤其是父母)在孩子的成长过程中呈现出什么样的情绪状态、为孩子

战胜代际焦虑：父母越平和，孩子身心越健康

营造什么样的家庭氛围，都会为孩子勾勒出原生家庭的模样。孩子在这个过程中所接收到的焦虑情绪的程度和持续时间，可能会对其性格、心态造成不一样的影响：有的影响是积极的，有的影响是消极的，有的影响会带来创伤……孩子可能会带着这些未得到疗愈的心理伤痛和阴影负重前行，正如著名精神科医生阿尔弗雷德·阿德勒（Alfred Adler）所说："要么选择用一生来弥补童年的缺憾、疗愈童年遗留下来的深深的伤痛，要么选择通过适当的方式，在孩子童年时期就培养他们驾驭自己焦虑情绪的能力，让孩子有能力为自己的人生创造幸福。"

每一个父母都会对孩子寄予美好的人生愿景、做好人生规划，并在孩子成长的过程中实施这些规划。如果孩子的人生真能像父母规划的那样，那么他们成长的道路可能会非常精彩。然而，无论理想多么丰满，现实依然很骨感——父母往往会发现，他们在养育孩子的过程中困难重重。这些困难是从哪里来的？为什么孩子没有按照父母的规划成长？原因有很多。

在这些原因中，我觉得最核心的原因在于，孩子要逐渐成长为独立的个体，且他们在成长过程中有其自身的发展规律。

每个人在生命伊始都是一种混沌的状态，在与现实世界碰撞的过程中，逐渐摆脱了混沌，形成了自己的意识，建立起了自己的边界。此外，孩子的父亲和母亲也是独立的个体，他们也有各自的原生家庭所给予的不同特质，他们在成长过程中也

前言

是带着不同的焦虑甚至是伤痛前行的。他们从原生家庭中带来的焦虑往往会深深地刻在他们的生命中，并化为行动，继而形成根深蒂固的观念和信念。这不仅决定了他们的情绪和行为模式，也决定了他们会以什么样的态度教育孩子。

这样一来，父母就会在无意识中将焦虑从上一代人那里继承过来，又传递给孩子，然后继续传递下去。在这个代际传递的过程中，焦虑情绪还会继续发展、变形、升级，以不同的形式呈现出来，尤其是在压力大时会更加明显、严重，有的甚至具有破坏力。父母在养育孩子的过程中会遇到压力，孩子在成长的过程中也会遇到压力，压力与压力相互作用，从而成为亲子之间引爆各自焦虑的导火索。

一般来说，父母对孩子的期望值越高，在教育孩子的过程中就越容易焦虑，而这些焦虑往往是指向孩子的，通过面对孩子的各种"不听话"而呈现出来。如果孩子能在此时如父母所愿，这些焦虑的火焰可能就会暂时平息下来，直到下一次再被燃起。孩子的心理成长之路也会在父母焦虑情绪的冲击下一次次被阻断，慢慢地，他们会在无意识中悄然复制父母当初的焦虑。这些焦虑会深深地刻在孩子的生命中，甚至会引发一些心理疾病，如儿童期的抽动症、焦虑症、抑郁症、强迫症、社交恐惧症等。这些问题的出现，除了有先天因素方面的原因外，更多的是父母的养育不当所致，或者说父母没有考虑孩子的情绪健康，更没有思考过其自身的情绪健康，尤其是焦虑情绪的状态。

如果孩子出现心理问题、情绪波动、行为紊乱，父母就要采取恰当的方法帮助孩子解决，除此之外，还要觉察自己是否过度焦虑了，这样才能进一步帮助孩子去调整。然而，不少父母都会隐藏和否认自己的焦虑情绪，认为是孩子的状态出现了问题才让自己感到焦虑，如果孩子听话，自己就不会焦虑了。其实，是父母被焦虑情绪牢牢控制，变得心情浮躁，才会在孩子的教育问题上表现得非常情绪化，孩子在这种情况下怎么能发自内心地"听话"呢？也就是说，如果父母不能克服焦虑，不能做到心态平和，那么孩子也无法心态平和。

父母该如何觉察自己的情绪，进而缓解焦虑情绪、减少焦虑行为，修炼成心态平和的父母呢？

我将在本书中为你解答这些问题。

本书共分为五章，从认识焦虑这种常见的负面情绪开始，逐步教父母识别和觉察自己的焦虑情绪是否过度了。过度焦虑的情绪会出现变形，隐藏得很深令人难以发现，但这会在无声无息中损害孩子的心理健康，因此需要父母敏锐地识别它们并进行处理。父母会在本书当中认识到孩子们出现过度焦虑时的各种表现。本书从行为和认知的角度分别为父母们介绍了正确处理过度焦虑的方法。只有父母自己不过度焦虑了、心态平和了，才能理智且正确地教育孩子。

我希望父母在读完本书后，都能对自己有更加清晰和深刻的认识，在教育孩子的方式上会有所思考或改变，并在看待孩子在生活和学习中出现的一些常见的"问题"时也能更积极，不会轻易失控。

最后，希望所有父母都能更加平和，与自己的焦虑和解，也与孩子的焦虑和解。

目　录

第 1 章　会传染的焦虑情绪　/001

你是焦虑的父母吗　/006
你的焦虑来自哪里　/012
如何觉察你的焦虑情绪　/017

第 2 章　你越平和，孩子越不容易失控　/019

失控的孩子，焦虑的父母　/022
如何才能做到心平气和　/044

第 3 章　每个问题孩子身上都有父母焦虑的痕迹　/051

过于严苛，教不出规矩的孩子　/ 058
你越急躁，孩子动作越慢　/ 071
拳棍相加，只会养出更暴躁的孩子　/ 082
一味地让孩子委曲求全，只会让孩子心理扭曲　/ 097

第 4 章　孩子很焦虑，你该怎么办　/113

孩子的焦虑表现各异　/ 116
如何帮助孩子调控焦虑情绪　/ 125

第 5 章　如何避免将你的焦虑情绪传递给孩子　/139

允许孩子表现差一点，让他不压抑　/ 141
不要常把"笨"挂嘴边，让孩子树立学习的信心　/ 160
多给孩子贴积极的标签，让他不再胆小懦弱　/ 170
保持平和心态，让孩子学会与他人相处　/ 179
不过多挤占孩子的业余时间，才能让他做到不拖沓　/ 190

后　记　/203

chapter 01

第1章 会传染的焦虑情绪

第1章　会传染的焦虑情绪

记得我在大学读医学专业时对《精神病学》教材里的关于焦虑症的内容并没有留下什么印象，因为与书中描述的其他疾病相比，焦虑症显得毫无特别之处。参加工作后，病房里患者的病情往往都比较严重。作为精神科临床医生，我大部分的时间和精力都用于对各种精神病症状的辨别和处理上，焦虑情绪与这些精神病症状相比仍是较轻的。

在做博士课题时，我在深入研究了焦虑等情绪后发现，原来焦虑在很多心理疾病和精神障碍中都是最基础的情绪。如果未能在早期调控好焦虑情绪，它就有可能会在不同压力下发展为更为低落的情绪或是更为躁动的情绪，甚至会演化为其他的行为和躯体上的反应。

我在进行焦虑情绪相关的情绪调控机制研究和焦虑相关障碍的认知行为治疗的疗效研究过程中发现，焦虑情绪带来的心理上的烦恼在人们的生活中是普遍存在的，并渗透到生活的方方面面，尤其是对上班族来说，在工作、人际关系、家庭关系、养育孩子的过程中，焦虑情绪很容易泛滥成灾。

战胜代际焦虑：父母越平和，孩子身心越健康

以下是我在医院焦虑障碍门诊工作时遇到的两个病例[①]，在经历长时间的治疗后，他们的慢性焦虑情绪才逐渐得到有针对性的处理，而正是这些焦虑情绪引发了其他症状。

案例

一位在工作中备感压抑的中年男士前来就诊。他坚信自己小时候患有多动症，因为通过查阅资料进行对比，他回忆起自己从小就坐不住、上课经常走神、注意力不集中，这些都是他自幼的"心病"，但一直不知该如何缓解，这让他在学习中经常会受到无法保持专注的困扰，在工作中则经常会感到焦虑不安。最近一年多，他经常睡不着觉，还时常走神、分心，人变得更加焦虑。他认为自己的工作效率越来越低，在职场中失去了竞争力。为了让自己摆脱情绪困扰，他前来寻求心理帮助。

经心理诊断和评估，他患有焦虑症。尽管他小时候的表现是否能被诊断为多动症还无从得知，但是他从小就被注意力难以集中的问题困扰而烦恼不已，一直在和这个症

---

① 为了便于理解，本书提供了一些心理咨询中的案例。所有案例均得到了来访者的允许，且均使用化名，并对其身份等重要信息进行了适当的编撰，以保护其隐私。

第 1 章　会传染的焦虑情绪

状对抗且越来越焦虑。参加工作之后,来自各方面的压力增大,他感到非常疲惫、情绪低落。现在,他认识到自己在小时候就已有明显的焦虑情绪,只是那时候他表达不出来,也不知道是怎么一回事。

* * *

一个 19 岁的女孩,已经考上了大学,但是由于严重的焦虑和抑郁症状而不得不休学接受治疗。在为她进行心理治疗的过程中,我发现她的焦虑症状比其抑郁症状更严重,而且由于其焦虑情绪过于强烈,她对于自己什么时候能好起来感到很着急,想尽快返校学习,但她目前的状态却是完全无心看书学习。她之前曾接受过半年多的治疗,但她的焦虑感越来越强烈。在找我做心理治疗后,她说她在这半年多的治疗期间感到非常焦虑,总是担心自己无法康复。她还不停地问我:"我什么时候能好起来?""我真怕我无法康复,再也上不了大学了!""我的同学都去实习了,我什么时候才能好呀?""韩医生,你能让我快点好起来吗?"

我先用一段时间帮助她缓解焦虑,她说她感觉好多了,并告诉我她以前总是心慌,总觉得会发生什么不好的事情,焦虑让她长期睡不好觉。在她不得不休学后,每天也都感觉心慌慌的,总处于"我没有未来"的担忧中。经过一段时间的心理治疗,她能够接受自己目前需要休息这一现状,心情平静了许多，对未来也不再思虑太多，一心想着先把病治好。

当一般的焦虑情绪长时间得不到缓解时，会让人感到烦躁、心慌，却又难以描述，无法觉察并得到及时疏导，从而形成了隐性的焦虑情绪。人在没有压力或压力很小时往往感受不到隐性的焦虑情绪，但它一直存在；当人感到压力大时，这些慢性的焦虑情绪会以多种形式迸发出来，增加痛苦感。在家庭教育当中，这些隐性的焦虑情绪会使父母产生教育偏差。

你是焦虑的父母吗

根据你最近一个月的情况做以下自测，看看你是否焦虑。

自测1：一般的焦虑情绪

最近一个月，你是否有以下感受？如果有，程度如何？请在表1-1的相应位置画"√"。

表1-1　　　　　　　　一般的焦虑情绪自测

序号	描述	没有（0分）	偶尔（1分）	有些（2分）	明显（3分）	频繁（4分）
1	感到紧张					

续前表

序号	描述	没有（0分）	偶尔（1分）	有些（2分）	明显（3分）	频繁（4分）
2	入睡困难					
3	从睡眠中醒来					
4	注意力难以集中					
5	担心会发生糟糕的事情（如工作、经济、孩子等）					
6	容易受到惊吓					
7	感到疲惫					
8	头痛等身体疼痛					
9	身体不适（如头晕、心跳心慌、频繁如厕等）					
10	担心自己生病					
11	难以放松					
12	烦躁					
13	坐立不安					
14	感到害怕					
15	做噩梦					
16	难以忍受不确定的事情					
						总分：

评分标准：

- 总分 0 分：不太可能焦虑；

- 总分 1~16 分：正常的焦虑；
- 总分 17~32 分：中等焦虑；
- 总分 33~48 分：明显焦虑；
- 总分 49~64 分：严重的过度焦虑。

自测 2：急性的焦虑情绪

最近一个月，你是否出现过以下体验？如果有，程度如何？请在表 1-2 的相应位置画 "√"。

表 1-2　　　　　　　　急性的焦虑情绪自测

序号	描述	没有（0分）	有但不明显（1分）	明显（2分）
1	呼吸困难、呼吸急促			
2	突然大汗淋漓			
3	突然强烈地心慌			
4	失控感			
5	突然强烈地恐惧			
6	濒死感			

如果存在一种及一种以上的表现，就说明存在急性的焦虑情绪。存在的表现越多，急性的焦虑情绪给生活、学习或工作带来的影响就越大。

自测3：由过度焦虑引发的强迫行为

焦虑情绪会引发相应的强迫行为。所谓"强迫行为"，就是出现反复的动作，有的是觉得有必要这样反复地做，这是因为内心很焦虑；有的是虽然觉得没必要反复地做，但克制不住，这就形成了强迫症状。

最近一个月，你是否出现过以下情况？如果有，程度如何？请在表1-3的相应位置画"√"。

表1-3　　　　由过度焦虑引发的强迫行为自测

序号	描述	没有（0分）	有但不明显（1分）	明显（2分）
1	因担心房间被污染而反复打扫房间			
2	物品必须摆放整齐，否则会难受			
3	因担心自己被污染而拒绝触碰公共物品（如门把手、公交车扶手等）			
4	因担心做出错误的决定而犹豫不决			
5	反复检查门、煤气是否关闭			
6	因担心自己有遗漏而反复数数			
7	因怕脏而反复清洗			
8	因担心犯错而反复检查（如作业反复检查、工作反复检查等）			
9	因担心自己做得不完美而反复重做			

如果存在一种及一种以上的表现，就说明存在强迫行为。存在的表现越多，就会对生活、工作或学习等产生越大的困扰，付出的时间成本就越高，结果往往会事倍功半，影响效率、耽误进度。

自测 4：焦虑产生的人际恐惧

焦虑情绪会聚焦于人际交往，人际交往的焦虑和恐惧会带来痛苦、引发逃避，如果严重的话，还会影响人的社会功能，如不敢上学、不敢见人、不敢去公共场所等。

最近一个月，你是否出现过以下情况？如果有，程度如何？请在表 1-4 的相应位置画"√"。

表 1-4　　　　焦虑产生的人际恐惧自测

序号	描述	没有（0分）	有但不明显（1分）	明显（2分）
1	因害怕而回避社交场合			
2	害怕大家看自己			
3	害怕在集体中显得突出			
4	害怕公众演讲			
5	害怕人际关系破裂			
6	害怕去人多的地方			

如果存在一种及一种以上的表现，就说明存在人际焦虑，

存在的表现越多，说明人际焦虑的程度越高，给学习、工作和生活带来的影响就越大。如果因人际焦虑的情绪过于强烈而产生过多的逃避，那么上班族可能会在工作中失去很多表现机会，学生则可能会对学校心生恐惧。

自测 5：焦虑产生的衍生问题

如果焦虑情绪比较明显，就可能产生很多衍生问题。

最近一个月，你是否出现过以下情况？如果有，程度如何？请在表 1-5 的相应位置画"√"。

表 1-5　　　　　　　焦虑产生的衍生问题自测

序号	描述	没有（0分）	有但不明显（1分）	明显（2分）
1	不想吃饭			
2	易怒			
3	感到悲伤			
4	感觉自己不行			
5	经常责备他人			

如果存在一种及一种以上的表现，就说明焦虑情绪已经产生了衍生问题，这些衍生问题有时甚至更加明显，掩盖了焦虑本身。例如，如果经常责备他人，就难以思考自己到底在焦虑什么、恐惧什么。

自测6：由焦虑产生的恐惧

最近一个月，你是否出现过以下情况？如果有，程度如何？请在表1-6的相应位置画"√"。

表1-6　　　　　　　　由焦虑产生的恐惧自测

序号	描述	没有（0分）	有但不明显（1分）	明显（2分）
1	害怕高处			
2	害怕某种物体			
3	害怕陌生环境			
4	害怕密闭空间			
5	害怕乘坐交通工具			
6	害怕空旷的地方			

在面对某些事物、场所、情景时，有些人的焦虑感会增强，甚至会发展为恐惧，恐惧的直接结果就是会逃避、逃离，不想去面对。久而久之，他们面对这些事物、场所、场景时的焦虑感会加重，也会产生预期性焦虑。

你的焦虑来自哪里

根据以上自测，你可能测出了自己最近一个月是否存在过

第 1 章　会传染的焦虑情绪

度焦虑以及其他的衍生问题。

焦虑情绪到底是如何产生的？为什么焦虑情绪会衍生那么多问题？

焦虑是一种人们生存所必需的且非常必要的情绪，这种情绪会让人们未雨绸缪，提前思考一些未知的事情，感受现实中存在的压力，预知可能的后果、危险、危机，从而提前做好准备。焦虑情绪能让我们的大脑处于一种清醒的或者说是稍微有些兴奋的状态。我们动用了理性思考，从而也会采取一定的行动，为即将来临的压力做好充分的准备。

凡事都会产生正反两方面的作用，焦虑情绪也是如此。焦虑除了前面提到的会带来一些负面的影响外，这就是其积极的一面。

升入高三后，学生们的学习任务重了，考试也更频繁了。

越到临考前，学生 M 的注意力越集中，可以按部就班地备考。他很少为高考成绩焦虑，他认为只要认真复习，高考成绩自然不会太差。

学生 N 的学习状态则与他的同学 M 不同，他的情绪总在波动着。他经常对父母说："我怕我考不上好大学！""如果高考成绩没有模拟考试成绩好怎么办？""万一我在考场上发挥失常了该怎么办？"父母也总是这样回答他："你平时的成绩都很好，但是现在得比以前更努力。要是准备不好，考试肯定就发挥不好。""全家人都指望着你能考上好大学，你看你的大表哥考上了好大学，他父母多风光！""你可得好好考呀！""你今年考不上重点大学，明年就得复读！"每当父母说这些的时候，N 都很着急，觉得自己应该努力学习，可是一到学习时就总感觉心慌，大脑一片混乱，想东想西。他总是想万一自己没考好，就会在亲戚面前丢人，连父母在亲戚面前也抬不起头，明年还得复读……高考时，N 因紧张而发挥失常，高考成绩比模拟考试成绩低很多。

从这个例子可以看出，M 和 N 都在为高考做准备，M 的心态调整得比较适当，没有让焦虑情绪泛滥。面对高考这样的重大考试，谁都会在一定程度上感到焦虑，会对这场重要考试的不确定性而担忧，因为不知道会出什么题，有没有自己不会的题等。然而，M 及时制止住了自己的焦虑想法，把关注点放在了复习上，这样就不会让自己的焦虑情绪失控；相反，N 因没有及时制止住对未来的担心，将注意力放在了未来还未出现的不好的结果上，而使得焦虑情绪越来越无法控制，最终影响了高考成绩。

之所以难以觉察焦虑情绪，是因为我们太需要这种情绪去推动着自己前进了。而正是由于太平常、太难以觉察，因此当这种情绪悄然增强时我们也很难去发觉和调控，容易使其过度。

因此，要想有效调控自己的焦虑情绪，且不让它过度，就要从以下几个方面了解焦虑。

焦虑的认知成分

焦虑的认知成分的核心是担忧，即担心和忧虑，它指向未来的、还没有发生的事情，是对不确定的事情的担心。担心的内容包括以下两方面。

- 对一件还没发生的事情的糟糕预判，具有灾难化、糟糕至极的特点。就像我们常说的"杞人忧天"一样，总担心会发生"天塌下来"之类的事情。
- 对自己处理事情的能力感到担忧，总担心在发生了什么事情后，自己控制不了、无法解决。

大脑在工作时有这样的特点：对越危险的事情，大脑投入的注意资源会越多，即人的注意力会被假想的威胁吸引走，对目前应该保持专注的事情难以集中注意力。就像前面所说的学生 N，他经常被让他担心的糟糕的结果所吸引，从而无法专心地复习，也难以深入地思考如何解决复习中遇到的困难。

焦虑情绪的感受

焦虑情绪的感受往往是复杂的，会有紧张感，就像拉紧的橡皮筋一样，让人惴惴不安。此时，即使是比较平常的事也会让人受到惊吓。如果担心的事情一直没有确定的结果，人就会感到烦躁，心情无法放松、不愉快。如果焦虑的情绪过度，就可能会让这种不愉快的感觉愈发明显，让人感到更烦躁、容易生气，甚至是愤怒。如果焦虑情绪长期得不到缓解，就会衍生出压抑、绝望的情绪。

焦虑引发的身体不适感

焦虑会引发身体不适感，激活体内的交感神经和副交感神经，让人感到头疼头晕、心慌心悸、呼吸急促困难、恶心呕吐、胃肠易激惹或便秘、尿频、尿急、大汗淋漓等。如果孩子出现这些情况，父母往往会以为孩子装病，因为就算做过各项身体检查后也往往不会发现问题。事实上，孩子的情况很可能是因为感到焦虑所致。

第 1 章 会传染的焦虑情绪

焦虑会引发的行为

焦虑会引发活动增多（且往往是小动作过多），这种情况在儿童身上表现得很明显，他们的活动看上去与当前所做的事无关。如果成年人焦虑情绪明显，那么小动作就会表现为反复搓手、四肢抖动、坐立不安、来回踱步、话多，有的人因情绪急躁而出现行动快速且冲动，显得慌慌张张、忙碌不停，还会入睡困难、辗转反侧，即使入睡后也会很容易惊醒。

如何觉察你的焦虑情绪

我们在日常生活中常会遇到一些压力，并由此产生焦虑情绪，这种情绪能促进我们积极地应对压力。如果能有效缓解压力，就能让焦虑情绪平息下来。然而，焦虑情绪往往会悄悄来袭，使人难以觉察，直到严重、不舒服时才可能被觉察到。如果你想对自己日常生活中的情绪有一定的觉察能力，那么不妨在每天下班后安静地坐下来，问问自己："我今天的心情如何？"也可以在自己的身体或心情不舒服的时候，问一问自己："我此刻的心情如何？"

如果你经常为一些小事担忧不已，遇到一点点事情就紧张不安，每天大部分时间都处于紧张中，或是经常莫名其妙、不明原因地紧张，并伴有身体上的不适感，无法放松，且持续时间比较长，就说明你的焦虑情绪过度了，很可能会转为慢性的过度焦虑。

如果你体验到突然有一种紧张和恐惧感袭来，使你喘不上气，或是心脏狂跳不已，甚至产生濒死感，那这就是急性的焦虑发作，又称惊恐发作。尽管这种情况每次持续的时间都不长，但是你会感觉特别难受、记忆深刻，害怕下次还会产生这种突然袭来的焦虑感。这种焦虑的程度要强烈得多，会让人感到非常痛苦。

不论是慢性焦虑还是急性焦虑，都需要个体对自己的情绪有所觉察，不要只是长期压抑自己的情绪，而要适当地了解自己为什么事情而焦虑、当时想到了什么、该如何去应对。

chapter 02

第 2 章

你越平和,孩子越
不容易失控

第 2 章　你越平和,孩子越不容易失控

每个人的内心深处都有属于自己的焦虑,这些焦虑是在其成长过程中被深深地刻入自己的个性的。它们往往被悄然地隐藏起来,平时并未明显体现出来,只有在遇到某些特殊情景时才能得以显现,甚至会迸发得淋漓尽致。

例如,有的人每逢重要考试都会焦虑得睡不着觉,脑中充斥着各种关于考试的消极想法,而且越是重要的考试,这些令人焦虑的想法就越挥之不去。一旦考试结束了,那些消极的、糟糕至极的想法就不再出现。

对于很多父母(尤其是新手父母)来说,其个性中的焦虑往往会在养育孩子的过程中被激发出来,甚至会达到过度焦虑的程度。孩子的健康、学习、规矩等这些育儿过程中常会出现的问题,会点燃父母内心深处曾经对自己的不安,而今这些对自己的不安甚至是自责都会转移到孩子的身上。

然而,如果父母能在这种过度焦虑之中觉察出自己的焦虑(尤其能觉察出自己明显而严重的焦虑),他们就可能与自己深

层次的焦虑和解。只有心理状态持续成长的父母，才能让孩子的心理健康地发展。

失控的孩子，焦虑的父母

在以下两个情景中，父母都很容易引发过度焦虑。

情景1：父母照顾得细致入微，孩子很敏感

当父母描述孩子的性格时，经常会用到"敏感"一词，那么他们所说的"敏感"是指身体上的敏感还是性格上的敏感呢？其实，从身心合一的角度来讲，这两者存在着很大的关联。身体和心理上的敏感似乎相互影响又互为因果，因心理敏感而产生的焦躁情绪会导致身体更为敏感。当父母的焦虑传递给孩子时，孩子的心态似乎也变得更加敏感了，从而又会在身体上变得敏感。孩子在心理和身体上的双重敏感最让父母揪心。

案例

小方的母亲是个很细心的人，做事谨慎小心，自从小

第 2 章　你越平和，孩子越不容易失控

方出生之后，她将绝大部分心思都放在了小方身上，精心地照顾他的饮食起居。

由于小方是早产儿，身体不像其他孩子那么强壮，因此他小时候经常生病。有一次，小方的母亲带小方在医院候诊时，听别的家长说有个孩子可能是过敏体质，得测过敏源。她听后紧张极了，担心小方也是因为对某些东西过敏而生病的。她连忙查了一下常见的过敏原，有鸡蛋、牛奶、坚果、虾、草莓、杧果、巧克力等，这些都是小方平时喜欢吃的。

小方的母亲带他做了过敏原检测，结果处于正常范围内，只是偏高一点，这说明小方吃这些食物并不会出现什么特别的症状。医生也说少吃点没问题，只要别让孩子吃太多就行。然而，小方的母亲看到检测报告后大脑一片空白，完全没有听医生说了什么。她不断地自责，认为就是因为自己允许孩子吃这些食物才导致孩子总生病，并一心计划着如何立刻限制孩子吃这些食物，以免发生食物过敏。

从这时起，小方的母亲就不再允许小方碰这些可能让他"过敏"的食物了。但毕竟他还小，忍不住，经常在逛超市时停在食品架前不肯走，看着架子上的酸奶、坚果、巧克力等，恳求母亲给他买一点，但是母亲还是"残忍"地拒绝了他。回到家后，母亲告诉小方，他吃了这些东西

可能会过敏，过敏的后果很严重——会生病、长不高、脑子变笨、以后都没法上学了、天天住院……母亲的这些话让小方很害怕。虽然他很听母亲的话，再也没去吃这些美味的零食，但每当他看到其他的小朋友在放松地喝着酸奶、吃着巧克力时，他就站在旁边看着，嘴里还嘟囔着"你们吃了以后脑子就变笨了、不能上学、天天住院……"，而且表情狰狞。母亲看到小方这个样子又高兴又担心：高兴的是孩子能够克制住不吃这些可能会让他过敏的食物；担心的是看到小方的表情狰狞，怀疑他是不是心理扭曲了。

为了不让小方看见这些食物，母亲尽量不带小方去超市、饭店，甚至小朋友多的地方，因为担心他们吃零食会让小方"受刺激"。

渐渐地，小方去外面玩的机会少了，感冒着凉的机会也少了，他在半年内生病的次数减少了一些，小方的母亲认为是她对小方限制吃零食初见成效。然而，她发现小方越来越不开心了，有时她说一句话就会让他情绪崩溃。小方晚上睡觉时经常入睡困难，哼哼唧唧，翻来翻去，迷迷糊糊、半睡半醒中还时常说梦话："妈妈，我为什么和别人不一样？""你为什么生下我？""妈妈，我想喝酸奶，嗯嗯……哦不不，我不吃，我不吃，我不吃……"母亲听后心里非常难受。

第 2 章　你越平和，孩子越不容易失控

　　看着小方的样子，他的母亲很揪心，经常彻夜难眠，思考着孩子为什么会变成这样呢？为什么自己如此细心地照顾孩子的身体健康，他却不开心？尤其是当小方崩溃大哭的时候，母亲更是觉得自己很失败。

我们有时会遇到这种情况：尽管外面阳光明媚，但透过昏暗的玻璃向外看去，外面一片阴沉，令人心慌、不安，像要发生什么不好的事情。过度的焦虑就像那面昏暗的玻璃，总会让人忽略阳光与美好。一旦走出去，我们就能发现之前看到的、想到的，原来并非完全真实。

对于小方的母亲来说，她内心的过度焦虑就是阻隔在她与阳光和美好之间的那面昏暗的玻璃。如果她不走出去或者说不绕过这面玻璃，就会一直在阴影里打转。她心里有很多不解的困惑，有很多"为什么"难以找到答案，也许找到了答案，她的过度焦虑就会慢慢消散。

在咨询的过程中，我让小方的母亲做了以下测试，通过对比消极和积极两个方面，让她看到了焦虑和糟糕预期给孩子带来的痛苦。

测试 1

当听别的家长说孩子可能是食物过敏且为他做过过敏原检测后,你想到了:

A. 糟糕,吃了这些食物,孩子的身体就垮了,我得严格限制孩子吃这些东西;

B. 目前孩子对这些食物还没有什么症状反应,医生说少吃点没问题,只要别让孩子吃太多就行。我需要考虑一下如何让孩子别吃太多。

分析

A:当想到孩子在吃了这些可能会导致过敏的食物后身体可能会垮时,小方的母亲的脑海中就浮现出孩子生了大病卧床不起的样子,她还没来得及辨别真伪,就立刻想到要采取预防措施——坚决不让孩子吃。

B:这种想法关注了积极的信息,想到了医生说的"少吃点没问题",并采取积极的方式来劝说孩子不要多吃,而不是一点都不能吃。

第 2 章　你越平和，孩子越不容易失控

测试 2

当小方在超市里想买那些可能使其过敏的食物时，你想到了：

A. 他看到了就要买，万一吃了之后过敏就糟糕了，所以不能再带他去超市了，他看不见那些零食就不想吃了；

B. 小方很喜欢喝酸奶，和他耐心地讲一讲，相信他能少吃的。

分析

A：这种想法有些绝对化，为了防止万一孩子特别想吃零食，便采取了绝对隔离的方式，这种堵的方式反而会让孩子更想尝尝酸奶的味道。

B：这种想法不仅考虑到了孩子的喜好和口味，能够适当满足孩子的需求，还考虑到了耐心地鼓励孩子控制食量，而不是单纯地用堵的方式禁止孩子吃。

测试 3

当小方看到小朋友们吃零食时产生了超乎寻常的反应,你想到了:

A. 一旦小方和小朋友们玩,就会接触到这些吃的,万一我没看住,小方吃了,他就会生病、智力受损,太可怕了;

B. 小方和小朋友们玩得很开心,和小伙伴们一起玩他才快乐,只要鼓励他不吃别人的东西就行了。

分析

A:小方的母亲的想法被局限在一个框内,跳不出来,看不到积极的结果,只沿着最糟糕的方向想着令她非常恐惧的结果,于是她就采取了绝对隔绝的方式来"保护"小方。

B:和小朋友们一起玩能让孩子感到非常快乐,母亲深知孩子的需求,考虑快乐放松的玩耍对孩子来说是最重要的,也能积极地去想帮助孩子克服吃零食的冲动的办法。

第 2 章　你越平和，孩子越不容易失控

解析

从上述测试可以看出，小方的母亲经常选择了令人感到非常糟糕的想法，采取了全方位限制孩子吃零食的方法，以防产生可怕的后果。

从心理学的角度来讲，人的情绪是与当时的想法息息相关的。如果都是糟糕至极的想法（或称"灾难化的想法"），那么人的情绪就会越来越焦虑，甚至产生恐惧的情绪。

糟糕至极的想法是常见的认知歪曲，这是一种思维习惯，在面对很多现实问题时，它就像有惯性似的会自动地跳出来。这些自动跳出来的想法一闪而过，令人难以觉察，并且很难让人有时间去理性地思考。当有一种非常焦虑的情绪涌上心头时，人会更容易去关注那些令人可怕的想法。

人的想法会引发不同的情绪，这些情绪又会反过来强化一些认知。例如，过度焦虑的情绪会强化可怕的认知；如果是一种轻松的情绪，人就不会继续沿着消极的方向去思考。

如果小方的母亲能够像测试中的选项 B 一样积极理性地去思考，那她就能在面对小方吃零食的问题时不再那么焦虑，小方也不会那么难受不安了。在她把自己糟糕至极的想法告诉小方后，他的焦虑感比她更严重。尽管母亲有一些糟糕至极的想法，但是如果能够试着冷静思考，就可能会产生一些积极的想

法，她也就不会那么焦虑了。

无微不至的父母该怎么办

我们来想象一下，如果小方的母亲不再那么谨小慎微、处处担心孩子吃了导致"过敏"的零食，那会有什么样的结果？

- 对母亲来说，她不再那么过度焦虑、整天担惊受怕了。
- 对小方来说，他可能会被母亲劝说少吃一点酸奶、巧克力等零食，但是不会被完全限制；他还可以愉快地和小朋友们一起玩耍，当看见小朋友们吃那些零食时，他也不会很难受，因为他知道自己回家后也可以吃，只是不能多吃。

这样一来，是不是会皆大欢喜？

像小方的母亲这样因无微不至地照顾孩子而使得自己过度焦虑的父母，如何从自己固有的灾难化的、糟糕至极的思维惯性中跳出来呢？可以参考以下步骤，做积极思维练习。

- 首先，练习觉察自己是否存在焦虑情绪。根据 0 分（最轻）~10 分（最重）来打分，看看自己的焦虑情绪大概能达到多少分。如果超过 5 分，就说明焦虑情绪较为明显。

- 其次，如果意识到自己过度焦虑，就要去探索自己在此时想到了什么，这个想法就是导致过度焦虑的根本原因。把这个想法记录出来，问问自己：这些想法是真实存在的，还是自己想象的？是否存在什么可以替代的想法？例如，医生说了"少吃点没问题，只要别让孩子吃太多就行"，这能让我放轻松一些。
- 再次，平时练习多关注一些积极的信息。例如，之前小方喝过酸奶，但是并没有出现任何症状，那么以后少喝一点就可以。小方慢慢就能理解，任何零食吃多了都不好。
- 最后，不要总是自责，总觉得是自己哪里做错了而对不起孩子。世界上没有完美的父母，孩子容易生病可能是因为其免疫力还不够强，需要多锻炼身体以提高免疫力。你在养育孩子的过程中已经竭尽全力地为孩子做了很多，算得上是称职的父母。

父母经常做这样的思维练习，就能让自己慢慢变得轻松，不那么容易过度焦虑了，孩子也不会因为父母的过度焦虑而感到不知所措。

战胜代际焦虑：父母越平和，孩子身心越健康

情景 2：紧张不安与唠叨

在家庭中，焦虑情绪是可以被传染的，尤其是一旦父母焦虑情绪过度，语言就可能成为传递焦虑情绪的最有力的工具。此时，无论是语言的量还是内容，都会传递焦虑情绪带来的能量。孩子对这样持续的、已成常态的焦虑的家庭氛围没有足够的应对能力，一旦他们接收的焦虑信息过量，心中的能量就可能以各种形式释放出来，例如，喉咙会不由自主地发出声音，身体会不由自主地快速做出无意义的动作，等等。

父母说这些令人焦虑的语言，往往只是为了输出他们内心的焦虑，且他们通常觉得自己所做的、所说的都是为了孩子好，是非常有必要的，却没有意识到自己已焦虑过度，从而在长年累月的焦虑情绪的输出过程中导致孩子也越来越焦虑。

案例

小 K 的母亲是家里最忙碌的人，每天都绕着孩子忙前忙后，对孩子的生活习惯的任何细节都不放过。无论小 K 在家里做什么，只要母亲在家，就会不断地传来母亲的唠叨——有叮嘱、有关心、有催促。

第 2 章　你越平和，孩子越不容易失控

"小 K，你怎么又光脚在地板上跑呀！地板凉，该生病了，快把袜子穿上！"

"小 K，快点来吃饭，吃这个有营养，多吃点，再多吃点肉！"

"别喝凉水，喝凉水会肚子疼，你要是肚子疼可怎么办啊！"

"该睡午觉了，哎，你怎么还在玩？快点，去睡午觉！"

在小 K 小时候，他在前面跑，母亲就会在后面追着唠叨；如今，小 K 已经上三年级了，母亲的唠叨丝毫没有减少，反而增加了许多内容，如纠正他的写字姿势、催促他写作业等。

比如，小 K 放学回家后，喝完水刚想休息两分钟，准备去做饭的母亲就说："快去写作业，怎么还玩上了呢？"母亲走进厨房后还会立刻折回来，看到小 K 正从书包里掏出文具盒和作业本，便说："哎呀，你怎么还没开始写作业啊！现在都几点了？快点写！"两分钟后，母亲从厨房探身出来，说："快点写作业！一会儿要吃饭了！再不写就写不完了，你晚上还睡不睡觉了！"

饭后，小 K 继续写作业，每到此时母亲都会坐在他身边，盯着他写的每一个字。如果小 K 写错了或是写得不好，

母亲就又会唠叨起来"你都上三年级了，字怎么还写不好啊"，还边说边拿起橡皮帮小K把没写好的字擦掉。

对此，小K通常什么都不说，因为他知道说了也没用。不知从什么时候开始，他经常发出"咳咳咳"的清嗓子的声音。每逢母亲唠叨，小K就感觉嗓子痒、不舒服，需要清清嗓子，这时母亲的唠叨就会暂停片刻。

后来，小K被查出患有小儿抽动症，不仅经常发出"咳咳咳"的清嗓子的声音，还经常做出挤眼睛、挤鼻子、咧嘴等动作。

咨询实录

小K跟着母亲来到诊室，他的"咳咳咳"声也随着母亲飘了进来，我们的情商老师接待了他们。她带着很多玩具，笑盈盈地招呼小K一起来玩，小K的眼睛立刻亮了起来，但很快又变得暗淡，坐在原地不动。母亲一直盯着小K，有警惕，也有紧张。此时，小K的"咳咳咳"声更大了，而且也变得更频繁了。我请小K的母亲与我前往我的咨询室，让小K与情商老师单独待一会儿。小K的母亲边走边回头嘱咐他："在这儿乖乖的啊！别乱动老师的东西！我一会儿就回来，你别乱跑！"

第 2 章　你越平和，孩子越不容易失控

我们离开后，情商老师注意到小 K 的"咳咳咳"声小一些了，也没那么频繁了。过了一会儿，她问小 K："你看起来好像很想玩这些玩具，但我注意到你看到它们有点兴奋后又变得不那么想玩了，你愿意告诉我原因吗？"小 K 低下了头，过了一会儿才说："我好像听到了妈妈对我的唠叨，比如'这些玩具你在家都玩过了，别乱动老师的东西了''慢点啊，你看你总是那么不稳当'……"

在与小 K 母亲的咨询中，我可以感受到她一直处于较为严重的焦虑中——她眉头紧锁，语速比较快，所说的内容全与孩子有关，而且都是关于孩子的各种问题和毛病。她尤为担心孩子"咳咳咳"的毛病会加重，尤其是听了一些患儿父母的话后，她变得更加担心了，觉得孩子以后都好不了了，就会像那些严重的孩子一样，还会做出骂人、打人等奇怪的动作。说到这里，小 K 的母亲湿了眼眶。

以下为咨询实录。

心理咨询师（以下简称"咨"）：我能感受到你在抚养孩子的过程中非常用心，但也经常感到焦虑，不知你是否感受到了这一点？

小 K 的母亲（以下简称"母"）：（思考了一会儿，眉头皱得更紧了）孩子这样，我怎么能不焦虑呢？

咨：我非常理解你的心情。如果孩子没有出现抽动的症状，你也不会这么焦虑、这么担心。

母：（释然地点点头）是呀！我知道我爱唠叨，可是我控制不住呀！每当我看见孩子有做得不对的地方，我就想管，我就想说……

咨：是否在有些时候，你能忍住不说孩子？

母：（思考了一会儿，摇摇头）还真没有……我可能就是这样的性格——爱操心，有什么说什么，看到了就得说，没法憋在心里。

咨：接下来，我想和你讨论几个问题，好吗？

母：好的。

咨：第一个问题，当你看到小K光着脚在地板上跑时，你会怎么做？

母：（不假思索）我就直接告诉他，"别光脚，着凉了，哎呀，又该着凉了！"

咨：你会说几遍呢？

母：一直说到他听话穿上袜子和拖鞋为止（瞪着眼睛，指着前方的一片空地，仿佛小K就站在那里）。

咨：了解了，你会一直说、一直催促他。在这个过程中，

第 2 章　你越平和，孩子越不容易失控

你是什么心情呢？

母：心情？我没什么心情，就是看到他穿上袜子和拖鞋，我才放心。

答：也就是说，如果小K没穿袜子，您就会不放心，是吗？

母：对，就是不放心，而且是非常不放心，嗯……这就是我那时的心情吧……

答：小K光着脚在地板上跑，会让您感到不放心。除了这种行为，他还有什么行为会让你感到不放心呢？

母：这孩子太淘气，事事都让人不放心！从早上睁开眼睛，他就不让人省心，到处乱跑，我得追着他给他喂水，每天我都叮嘱他要喝水但是他从来都不听；到了晚上，他就一直玩，到了吃饭或睡觉的时间也不收拾；他还爱乱吃东西，不吃有营养的，专吃没营养的垃圾食品；他写作业时我也不放心，每天我都得帮他收拾书包，生怕他落下什么书本、文具……（暂停片刻，然后笑）韩医生，你说我怎么这么累啊？是孩子真那么不省心吗？好像也不是，他其实也不怎么顶嘴，和其他孩子相比他还算是乖的。可我就是不放心，觉得不叮嘱两句、不看着他按我说的做了，我就不放心……

答：也就是说，孩子做的很多事情都会让你不放心，是这

样吗？

母：（点头）在你问我这句话之前，我从来都没想过这个问题。尽管别人也这么说过我，但我从来都不这么觉得。刚才说着说着，我就突然意识到，我是怎么了？怎么总是不放心孩子呢？（轻轻地拍了拍额头）我究竟是怎么了呢？

咨：养育孩子是一项艰苦且充满很多未知的工作，的确会让父母尤其是母亲感到焦虑。

母：对，你说得对，我就是感到焦虑，小K总让我很焦虑。

咨：好的，接下来，我们将讨论第二个问题。如果0分代表一点都不焦虑，10分代表焦虑到极点了，我将在白板上为你列几件事情，请你根据自己对于这几件事情的焦虑程度来打分。

我在白板上列出了以下几件事情：

1. 小K光着脚在地板上跑；

2. 小K早上喝水；

3. 小K收拾书包；

4. 小K吃东西；

5. 小K写作业；

小K的母亲思考片刻，在每个题目后面都打了10分，

第 2 章　你越平和，孩子越不容易失控

似乎每件事情在她看来都很重要，也可以说是充满危机。

咨：你确定你对每件事情都焦虑到了极点吗？

小 K 的母亲想了想，把收拾书包和写作业的焦虑的分值都降了一些，分别改为 7 分和 8 分，其他的仍然保持 10 分。

咨：我很好奇，为什么关于小 K 的这些事情，都令你感到不放心、焦虑、担心？

母：我也说不清楚为什么，只要看见小 K，我就有一万个不放心的理由。

咨：凡是关于孩子的健康问题都会让你更焦虑吗？

母：是呀，我觉得孩子的健康最重要，我就怕他生病。不过，小 K 没怎么生过病，可能是我照顾得比较好吧。

咨：经过你的精心照料，孩子的身体还是比较健康的。

母：哎，韩医生，是不是我太焦虑了？小 K 喉咙里总发出"咳咳咳"的类似清嗓子的声音。之前也带他去看过医生，还吃过药，他的咽喉和气管都没问题，可就是总"咳咳咳"个没完，真愁人。以后会不会好不了了啊？听有的家长说，孩子到了青

春期就好了,可是我还是不放心呀,总觉得他好不了了……

解析

在咨询过程中,小K的母亲不停地说,这种强烈的焦虑在整个咨询室中弥漫,就连坐在对面的我也一直能感受到扑面而来的焦虑感。可想而知,他们在家里沟通时,母亲也会通过不停的唠叨,持续不断地把自己的焦虑传递给小K。而小K在这种氛围中,焦虑、烦躁等情绪被深深地压抑下去,因为无论他怎么说,母亲仍会一如既往地唠叨,他只能用"咳咳咳"的声音来表达些什么了。

小K的母亲一直觉得自己挺外向开朗的,但是自从孩子出生后就经常处在不安之中,即她所说的"不放心"的状态中。然而,在外向开朗的表象之下,隐藏着她容易焦虑不安的个性。在与小K母亲的深入咨询中,我了解到,虽然她平时看起来大大咧咧、爱说爱笑的,但是一遇到压力就会整夜失眠,最常见的就是在每次考试前,总觉得自己没复习好,翻来覆去睡不着觉,复习时脑子里也是嗡嗡的,脑海中还总会不停地蹦出很多无关的想法。

比较容易焦虑的小K的母亲如何才能缓解焦虑,不让孩子再接收那么多焦虑的信息呢?

不同的人在体验到同一种情绪时，会产生不同的行为表现。例如，在特别开心时，有的人会哈哈大笑，有的人则只会微微一笑。

同样，在体验到焦虑情绪时，不同的人也会产生不同的行为表现。例如，在面对不确定的事情的时候，有的人会焦急得坐不住、来回踱步，有的人则会像小 K 的母亲一样通过不停地唠叨、催促、确认以缓解内心的焦虑。在心理学中，人们将这种行为称作焦虑行为，如果频繁出现焦虑行为，就会反过来强化内心的焦虑感。因此，如果小 K 的母亲能够减少焦虑行为，她内心的焦虑感就能逐渐得到缓解。

关于减少焦虑行为的练习

我为小 K 的母亲安排了一个小练习，希望能借此减少她的焦虑行为，即减少唠叨行为。这个小练习听起来很容易、很简单，但是对于像小 K 的母亲这类比较容易非常焦虑且习惯于用焦虑行为缓解焦虑的人来说却是非常困难的。不过，只要坚持练习，就会慢慢改变心态。

我先让小 K 的母亲记录下她每天唠叨、催促孩子的频率最高的一至两件事。她想了想，说："看孩子写作业是目前最让我操心的事情。"

我们针对那天发生在她和小 K 之间的事进行了初步评估，包括对小 K 的行为（尤其是让她感到不放心、操心的事情）、她为这件事情唠叨催促的次数、她的焦虑感程度（0~10 分）这几项内容进行评估。表 2–1 是小 K 的母亲记录的内容。

表 2–1　　　　　　　小 K 的母亲的记录

日期	小 K 的行为	行为：唠叨催促	焦虑程度（0~10 分）
9 月 12 日	准备写作业	25 次	10 分

小 K 的母亲用这个表格记录了一天后，看着自己唠叨的次数，无奈地笑了起来，说："原来我是这个样子呀！我要是孩子，我得多烦呀！"很快，她的焦虑再次袭来，问道："要是我减少唠叨催促的次数，会不会越来越焦虑烦躁呀？我正是因为不放心才唠叨孩子那么多次，要是减少了次数，我会不会心里不踏实呢？"

我非常理解她的焦虑，于是我借助图 2–1 为她讲解了焦虑和焦虑行为之间的关系。唠叨就是她的焦虑行为，她的唠叨取决于小 K 是否能自觉、主动地去写作业：孩子越不立刻开始写作业，母亲就越焦虑；母亲越焦虑，就越唠叨；母亲越唠叨，小 K 就越无法开始写作业，因为他会对母亲的唠叨感到烦躁和焦虑……这样一来，小 K 和母亲的互动就陷入了无限循环之中。

第 2 章　你越平和，孩子越不容易失控

对此，小 K 的母亲可以试着去为这个无限循环按下暂停键。在刚按下暂停键时，小 K 的母亲的确会感到不适应，焦虑感也会增加，但是过一段时间后，焦虑感就会有所缓解。

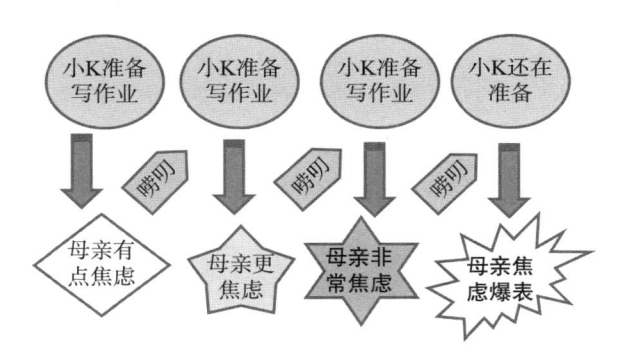

图 2–1　焦虑与焦虑行为之间的关系

之后的一个月，小 K 的母亲根据上述练习步骤，断断续续地做记录，她感觉自己改变了一些，焦虑感也的确像我所说的，从一开始的增加使她不安、心慌，到后来能渐渐适应暂停唠叨，再后来就是懒得催促、忘记催促了。小 K 一开始也不适应母亲的改变，还会问她为什么不催他写作业了，甚至说"你不催我写作业，我怕我永远都无法开始写作业"。听了孩子的话，母亲的心里五味杂陈，又感到非常难受。不过，过了一段时间，小 K 的母亲惊讶地发现，孩子有几次竟然能够自己玩着玩着就去主动写作业了。尽管有时候还比较拖延，但是这已经是一个很

好的开始了。

如何才能做到心平气和

父母养育孩子的过程，就是在潜移默化中对孩子进行思想与为人处世方面的教育，对孩子的观念与信念，以及行为模式等人格特征的养成会产生直接影响。心态平和、情绪稳定的父母，对孩子的教育往往也是稳定的，有利于孩子的心理健康；相反，情绪不稳定、时常焦虑和愤怒的父母，对孩子的教育往往也是情绪化的、过于控制的，会通过言语和行为传递出浓浓的焦虑的信息，导致孩子的心态也经常会随之起伏不定，容易情绪崩溃，还容易患上心理疾病。

也就是说，平和的父母能够对孩子进行平和教育，而焦虑的父母则是对孩子进行焦虑教育。

平和教育与焦虑教育

如果说孩子人格的成长伴随着他与自己的情绪进行博弈的过程，那么需要博弈的情绪一方面来自孩子自己，另一方面则来自父母。

第 2 章　你越平和，孩子越不容易失控

从孩子的第一声啼哭开始，他就体验着各种情绪，也表现出了各种情绪，并组成了孩子的天生气质类型。有的孩子天生情绪平稳，能够得到家人更多的积极关注；有的孩子天生情绪波动比较大，容易兴奋和低落，家人给予的关注往往是消极的关注。孩子在成长的过程中，会带着这些由不同情绪状态所组成的气质类型，不断地在各种情景和压力下调整自己的情绪反应。例如，被老师批评后，有的孩子情绪平静，有的孩子大声哭闹，有的孩子满地打滚，有的孩子会因无法发泄愤怒而破坏物品等。随着年龄的增长、生活经验的丰富，孩子驾驭自己情绪、应对压力的能力会越来越强。

然而，孩子对自己情绪的驾驭能力的提升在很大程度上依赖于父母的情绪状态、情绪调控方式，以及对待孩子的情绪反应。一般来说，如果父母的情绪调控能力比较强，能够在不同的情景下调控好自己的情绪，例如，即使看见孩子写作业拖沓后很生气但也能忍住不吼孩子，并能自我缓解，那么其不良情绪就不会影响孩子；相反，如果父母失控地吼孩子，那么孩子的反应也会比较激动，如果经常这样进行亲子互动，孩子的情绪就会非常容易波动，很难管理好自己的情绪。

也就是说，如果父母对孩子的情绪状态通常是平和的，孩子的情绪就可能是平稳的，其情绪管理的能力也能得到更好的发展。

我在临床工作中遇到过不少关于青少年的案例，其中一些

青少年患上了抑郁症,并伴有厌学行为,从病情发展来看似乎是他们的心理太脆弱,但是在为他们进行心理辅导的过程中,不少孩子会表述母亲容易歇斯底里或父亲脾气暴躁、苛刻、暴力;在抽动症患儿的父母中,母亲情绪焦虑、暴躁的也很多。尽管这只是对临床工作个案的粗略统计,但是对我的触动很大,也让我意识到,父母的平和心态对孩子的心理健康有多么重要。

对于父母来说,孩子在步入青春期时,父母也已步入中年,此时,人的性格已经固化,改变起来非常困难。要想让步入中年的父母改变自己的情绪、改变对待孩子的方式,以及改变错误的、不恰当的思维观念是非常困难的。不过,如果你肯为了孩子付出更多的努力,做更多的刻意练习,就能有所改变,这对孩子抑郁症的康复会起到促进作用。如果能早做调整,就能有效预防孩子患抑郁症。

如何做平和的父母

综上可知,平和的父母对孩子的成长非常有利。那么,如何做平和的父母呢?

步骤1:觉察自己的情绪,与情绪和解

所谓做"平和的父母",并不是指要做完美的父母,毕竟并

第 2 章 你越平和，孩子越不容易失控

不存在完美的父母，但平和的父母是走在完美路上的父母。父母也需要心理成长，促使父母成长最有效的推动因素之一就是孩子——父母与孩子的情绪过招，在孩子的情绪下进行觉察和调整。

在小 K 的案例中，小 K 的母亲原来对自己的焦虑情绪毫无觉察，她陷入"唠叨 – 焦虑 – 唠叨"的无限循环中。经过练习后，她觉察到了自己的焦虑行为——唠叨，并努力克制，焦虑情绪的强化因素得以缓解。慢慢地，小 K 的母亲的焦虑情绪缓解了许多，小 K 内心的焦虑也没那么强烈了。

如今，每天早上醒来，父母就开始了一天的忙碌，催促孩子起床、吃饭、收拾书包、上学，下班回家后又开始催促孩子写作业、练习琴棋书画、催促孩子睡觉。周而复始，很多父母在不知不觉中就陷入了焦虑的漩涡。

父母们可以借助以下两个方法来觉察自己的焦虑情绪。

方法 1：表格法

在类似表 2–2 的表格中记录下不同时间的焦虑情绪及其程度，每周记录一至两次，将有助于你觉察焦虑情绪。

焦虑的情绪包括烦躁、忧愁、紧张、恐慌、急躁、忧虑、发愁等，是一种不愉快的情绪，会让人感到不安。焦虑情绪的

发生有时是缓慢的、隐匿的，并不会让人产生明显的不适感；有时则是快速的，会让人产生明显的不适感，如烦躁不安、身体不舒服等。

表 2-2　　　　　　　　自我觉察焦虑情绪练习

日期	可能引起焦虑的事件	程度（1~10分）	感受到的焦虑情绪

起初，你可能没有心思来做这张表，看到这张表时还会觉得有些烦、不想做，那么你也可以将这种焦虑烦躁的感受记录在表格中。表 2-3 为样例，供参考。

表 2-3　　　　　　　自我觉察焦虑情绪练习（样例）

日期	可能引起焦虑的事件	程度（1~10分）	感受到的焦虑情绪
10月1日	填写表格	4分	烦躁
10月2日	想看着孩子写作业，但看到孩子写作业很拖沓，觉得很堵心	6分	烦躁、发愁

你需要根据自己的感受为你的焦虑情绪程度评分，数值越大，说明与焦虑相关的不适感受越明显。一般来说，需要思索才能够意识到的感受约为 2 分，无须太费劲就能体会到的感受约为 6 分，能明显体会到的感受约为 8 分，无法控制以至于让人崩溃的感受约为 10 分。

第 2 章 你越平和，孩子越不容易失控

方法 2：静观法

正如前文所说，父母每天都在各种焦虑、烦躁的情绪中让孩子做这做那，却没有时间与自己的情绪对话。

有的父母会说，自己为了孩子的学习每天都惶恐不安，总是在督促孩子快点写作业、早点睡觉，但是孩子写作业所用的时间却比别人的两倍还多。父母非常担心如果孩子在写作业时继续这样效率低下，就无法跟上中学的学习进度，但是孩子对此无动于衷，仍然慢慢地写作业、慢慢地检查。久而久之，父母的焦虑就会变成一种无奈和绝望。而孩子也能敏锐地捕捉到父母的焦虑、无奈和绝望。有孩子曾说，最怕听到父母的叹气声。因为这就像是听到了他们说"你不行""你这个孩子没希望了""你又没做好"，这样就会让孩子的心情更低落，写作业检查的次数也更频繁了。

如果过于焦虑的父母忙于各种行动，就难以觉察自己的焦虑不安。只要能停下来，静一静，就会发现自己有什么情绪。静观法能练习静的状态，以身体的静带动心情的静。练习时，需要一点点地开始，难度不要太大，时间不能太长。常用的静观法有以下两种。

一是"两分钟练习"。找一把坐着比较舒适的椅子，椅子需要软一些，最好有扶手，可以将双臂放在上面。坐在椅子上至

少两分钟，闭目、大脑放空，专心感受这两分钟。一开始，你可能会有些坐不住，心里烦躁，觉得有很多事情要做，而这两分钟实在太长了，不知什么时候能结束。在练习几次后，你就能体会到焦虑程度下降、轻松感增多。

二是"五分钟练习"。对"两分钟练习"熟练后，就可以做"五分钟练习"了。时间延长了，你的脑中可能会产生很多想法，一会儿想东，一会儿想西，想起一件事情就想马上去做。在练习的过程中，无论你想什么，都不要与之对抗，尽量只做观察。

步骤2：做焦虑的旁观者

一段时间的静观练习能让你焦虑烦躁的心平复一些。一旦出现焦虑情绪，你就可以停下来，静观一两分钟，像旁观者一样观察焦虑烦躁情绪的起伏。这样一来，你就能观察到焦虑、烦躁情绪，并获得平静，而不是被卷入这些情绪之中。然而，焦虑、烦躁的情绪有时明显，有时微弱；你会有时烦躁，有时平静。如果焦虑情绪出现得比较快、比较强烈，让你来不及观察，那么你可以深呼吸两次，让因焦虑情绪引发的身体上的紧张僵硬得以放松，然后再旁观焦虑情绪。

如果父母能够做到静观，其焦虑情绪就能平缓许多，在面对孩子的各种状况时也就不会那么焦虑了。看到父母平静下来，孩子自然也能平静下来了。

chapter 03

第 3 章

每个问题孩子身上
都有父母焦虑的痕迹

第 3 章　每个问题孩子身上都有父母焦虑的痕迹

父母的焦虑往往围绕着孩子的方方面面，如果其自身的焦虑情绪体现在对孩子的教育上，就很容易让父母变得强势，而强势的背后则是父母对孩子成长的种种担心和忧虑。有的父母为了避免产生过度的担忧，就会采取各种方式让孩子变得优秀，以防孩子变成让自己担忧的样子，这样一来，就会在行动上变得过度控制。控制多了，孩子的情绪和行为就会出问题。

控制感，又称"掌控感"，是指一个人能够对事情的发生、发展有所控制，从而对周围的人产生安全的感受。然而，如果在成长的过程中，控制感经常被限制、被阻拦等，人就会在心中埋下不安的种子。

人的控制感与焦虑的程度存在着一定的关系，如果焦虑感明显，人就可能更容易害怕失控。如果父母都很容易焦虑，那么在教育孩子的过程中，这种失控感就会体现在对孩子的教育和未来上。如果父母要获得更多的控制感、缓解失控感，就会采取更多的过度补偿策略，例如过度严苛的要求、反复的坚持，以及不停地催促等。

> **战胜代际焦虑：父母越平和，孩子身心越健康**

案例

小H从一年前上幼儿园大班起，就断断续续地出现挤眼睛、挤鼻子的动作。一年后，小H上小学一年级后，又出现了嘟嘟嘴、甩头等动作。经过一番检查，小H被诊断为小儿抽动症。

小H的父亲是个强势、易怒的人。父亲对小H的教育非常上心，但总是对小H的各种表现感到不满意，经常批评他，但从不打他。不过，他一板着脸，小H就不敢说话了。母亲意识到了小H特别胆小，总是小心翼翼的，一点都不像个男孩子，因此她常为孩子的教育问题与丈夫吵架，希望他别管那么严，应该让孩子像个真正的男子汉那样大胆、勇敢。在小H出现了挤眼睛等抽动症状之后，父亲对他的要求放松了一些。

然而，在小H上一年级后，父亲又为他的学习焦虑起来，每天下班回来都要盯着他写作业。父亲看到小H的字写得歪歪扭扭、时大时小，没有完全按照老师要求的那样写，就很生气、很着急，一定要让孩子把字写到合乎要求为止。除了学校留的作业外，父亲还会给小H留额外的作业，小H感到压力很大，经常边哭边写作业。

第 3 章　每个问题孩子身上都有父母焦虑的痕迹

小 H 的母亲经常劝丈夫，别对孩子要求那么高，毕竟孩子还小，得慢慢来。然而，小 H 的父亲认为，必须从小培养孩子养成良好习惯，不能溺爱孩子，否则孩子长大后就没有竞争力了。小 H 的母亲希望丈夫能多鼓励、认可孩子，不要总是板着脸，更不要总是吼孩子。小 H 的父亲说，他也不想那么对孩子，可是一看见小 H 的字写得歪歪扭扭的，就又气又急，忍不住要吼他。尤其是一想到邻居家的小 C 字写得工工整整、整整齐齐，父亲就更着急了，常说让小 H 向小 C 学习，并严格要求小 H 写作业时的姿势要正确。

上一年级不久后，小 H 的眨眼睛、挤鼻子等症状又复发了，而且比以前更严重。之前，他吃一些中药就好了，可这次却连续两周也没见好转。于是，小 H 的父亲在妻子的劝说下，给小 H 额外留的作业减少了一半。然而，当父亲在一旁看着小 H 写作业时，即使他什么也不说，小 H 的症状也会很严重。后来，母亲干脆不让父亲陪孩子写作业了。

母亲在陪孩子写作业时有说有笑，但父亲看了非常焦急，坐立不安，指责妻子对孩子太宽松了，还担心孩子以后的学习成绩。

小 H 的父亲的焦虑情绪聚焦于孩子的学习,在给孩子辅导作业时尤为强烈,所有的担心都会浮现出来。在小 H 的父亲的观念中,总有一些能让他产生焦虑的观念。

焦虑的情绪来自从小到大的过程中逐渐形成的一些固定的观念。在对失控的担忧中,往往存在着这样的观念:

- 我要培养孩子学习的方方面面,只要我稍有疏忽,孩子的学习就可能跟不上;
- 要从小培养孩子养成好习惯,不能让他随心所欲,否则以后就没有规矩了;
- 要是不从小管住孩子,让孩子乖乖听话,将来就太可怕了。

对于焦虑水平高的父母,除了工作上的压力,在教育孩子时产生的压力更容易引发其焦虑情绪,他们会对孩子严格管教,且一引即爆;反过来,孩子也会随着成长而表现出对父母的反抗,时间长了,父母就会产生失控感。

表 3-1 是关于父母在家庭教育中的失控感的测试。请父母根据自己的情况来做以下题目,圈出相应的分数,把每题的分数加起来后就是失控感分数。

第 3 章　每个问题孩子身上都有父母焦虑的痕迹

表 3–1　　　　父母在家庭教育中的失控感测试

序号	题目	选项
1	要求孩子马上去做事,孩子没有立即行动	• 0 分:一点都不生气 • 1 分:有一点生气 • 2 分:比较生气 • 3 分:非常生气,唠唠叨叨没完没了地催促 • 4 分:气急败坏,吼孩子或打骂孩子
2	看到孩子学习成绩不理想	• 0 分:一点都不着急 • 1 分:有一点着急 • 2 分:比较着急 • 3 分:非常着急 • 4 分:气急败坏,吼孩子或打骂孩子
3	孩子对父母的要求提出异议	• 0 分:一点都不生气 • 1 分:有一点生气 • 2 分:比较生气 • 3 分:非常生气,不停地给孩子讲道理,直到孩子认错为止 • 4 分:气急败坏,吼孩子或打骂孩子
4	孩子在玩时不按父母的指导去玩	• 0 分:一点都不焦虑 • 1 分:有一点焦虑 • 2 分:比较焦虑 • 3 分:非常焦虑,反复给孩子讲道理 • 4 分:气急败坏,吼孩子或打骂孩子
5	给孩子讲道理时他不听	• 0 分:一点都不着急 • 1 分:有一点着急 • 2 分:比较着急 • 3 分:非常着急,反复给孩子讲道理 • 4 分:气急败坏,吼孩子或打骂孩子

以下为评分标准。

- 20 分：说明失控爆表，父母对孩子的心理伤害极大。
- 15~19 分：说明高度失控，父母对孩子的心理伤害很大。
- 10~14 分：说明中度失控，父母给孩子的心理带来了一定的伤害。
- 1~9 分：说明轻度失控，父母对孩子的心理有轻微的影响。
- 0 分：说明父母情绪平和，孩子的心情也是平静的。

失控分数越高，说明父母越容易失控、冲动，对孩子的心理伤害越大。

本章将帮助父母减少失控感，合理地增加掌控感，减少对孩子的心理伤害。

过于严苛，教不出规矩的孩子

不同家庭的教养方式会让孩子产生不同的情绪，养成不同的行为习惯。如果教养方式不当，还会导致孩子产生不同的心理问题。

孩子出生后，父母往往对孩子的未来既有期盼又有担忧，

第 3 章 每个问题孩子身上都有父母焦虑的痕迹

即使起初期盼更多一些,但是随着孩子年龄的增长,父母的担忧也会逐渐增多。孩子上学前,父母往往对于为孩子建立规则而担忧,从家庭中的行为、起居的规矩,到对待父母和其他小朋友的态度,事无巨细。然而,越是过多地限制孩子,孩子的情绪就会越压抑和激动。

父母的确需要从小让孩子树立规则意识、遵守规则,为其建立行为规范,但不能操之过急。否则不仅无法帮孩子建立适当的规则,还会扰乱其情绪和行为。

案例

小 T,四岁半,从小在外祖父母家长大。外祖父母对孩子比较溺爱,经常满屋追着给孩子喂饭。孩子每天躺在沙发上玩平板电脑,想要什么马上就能得到,在幼儿园也不爱遵守规则。有一次,小 T 的父亲带着他参加朋友聚会,可是他的表现非常不好,在饭桌上随意动筷子,吵吵闹闹,大人说话时插话,父亲训斥他也不听,让父亲觉得特别丢人。父亲认为,是外祖父母把孩子惯坏了,便决定把小 T 接回家里来亲自调教。

小 T 的父亲比较外向,善于交际,很好面子,但是在家里脾气不太好，容易因为一点小事生气。他看到孩子被老人溺爱得过于无拘无束、没有规矩，将小T带回家后便为他制订了严格细致的管教计划：每天按时起床；按时刷牙洗脸、吃饭、睡午觉；吃饭时保持安静；不准吃零食；玩具要一样一样地玩；不准把地板弄乱；不准光脚走路；每天必须睡午觉……每天都有很多必须做的事，也有很多不准做的事，如果小T做不好、哭闹，就会被父亲训斥，有时还会被打手板。

经过两个月的调教，小T安静了许多，可是他开始频繁挤眼睛，吃饭时尤为明显。父亲又训斥他不要总挤眉弄眼，但是小T的情况越来越严重。父亲又气又急，觉得这孩子以后没法见人了。

虽然小T的父亲很外向，也很善于人际交往，但是特别好面子，非常在意别人的评价。这是一种人际焦虑，即当自己或孩子在他人面前表现不好时就非常担心孩子会在更多人面前表现不好，并因此觉得很丢人，且害怕别人认为自己不是合格的父母，这种焦虑的情绪又让人变得非常急躁，认为必须立刻对孩子严格要求，否则以后就没法见人了。

在看到孩子的各种行为问题之后，小T的父亲就会因急躁而产生很多想法，"必须""立刻""马上"的规则和要求使其每

第 3 章 每个问题孩子身上都有父母焦虑的痕迹

天都盯着孩子的各个细节,如果没达到他的标准,他就会发脾气、惩罚孩子。在父亲的压制下,小 T 非常害怕,只能按照父亲的要求去做。然而,短期速成的结果是以影响孩子的心理健康为代价的,在父亲看来挤眉弄眼的坏习惯,其实是孩子出现了轻度的抽动症状。

严格的背后是过度控制

如果小 T 的父亲当时没有那么焦虑,在纠正孩子的行为时可能就不会那么偏激,导致矫枉过正了。俗话说"欲速则不达",教育孩子更是如此。即使像小 T 这样有很多行为问题的孩子,教育也不能操之过急,需要一点点、一步步地引导,但这对小 T 的父亲来说是一种煎熬。

我请小 T 的父亲做了在家庭教育中的失控感测试(见表 3-1),并针对不同的时间点得出以下测试结果。

时间点 1:在发现孩子的行为问题之前

失控指数比较低,为 8 分。

解释:之前都是老人带孩子,父亲陪伴少,对孩子的行为控制也少,失控指数自然比较低。然而,在较少的陪伴过程中,父亲仍能体验到一定程度的失控感,说明他非常需要获得掌控感，否则就会焦虑不安。

时间点 2：发现孩子存在行为问题的那几天

失控指数非常高，最高时达到了 18 分。

解释：小 T 跟着父亲参加朋友聚会时的各种行为问题已经超出了父亲能够忍受的程度，再加上小 T 的父亲是一个特别在意面子和别人评价的人，因此小 T 的行为问题让父亲感到非常没面子。在把孩子带回来自己调教后，父亲发现孩子存在更多的行为问题。在父亲看来，孩子的这些行为都是失控的行为，且他自己的情绪也会随着孩子的行为而失控。

时间点 3：对孩子的行为进行调教后

失控指数有所回落，为 12 分。

解释：小 T 的问题行为减少了许多，能够按照父亲的要求去做，父亲对孩子的掌控感增加，失控感就下降了许多。虽然父亲有时还会因孩子不听话、不遵守与自己约定的行为承诺而生气，但是评分低了一些，这说明父亲的生气程度降低了一些。

时间点 4：小 T 频繁挤眼睛后

失控指数再次提升至崩溃的边缘——20 分。

解释：小T频繁挤眼睛的行为其实是不受其控制的，尤其是在吃饭时，父亲要求小T吃饭时不许说话，且对其吃饭时的行为要求也很高，所以孩子在吃饭时特别紧张，且父亲越让他控制，他就越控制不住自己。父亲在看到孩子频繁挤眼睛后非常生气，认为孩子是故意在吃饭时挤眉弄眼的，因此父亲的失控感升级为愤怒，认为小T真是太不听话了。

小T的父亲在看到自己在不同的时间点的失控指数后，发现自己对孩子的要求过于严苛了，且一旦孩子达不到自己的要求就会感到焦虑甚至愤怒。可见，严格的背后，往往是过度控制。

过度控制的父母该怎么办

小T的父亲的担忧、焦虑不无道理，孩子的行为规范、规则意识、日常生活习惯等都需要从小好好培养。不过，在培养这些的同时也要考虑到孩子的年龄，毕竟小T只是一个不到五岁的孩子，对他要求太高、太多是非常不合适的。

小T的父亲在做过失控感测试后，不仅意识到了自己对孩子的教育方式过于焦虑，也对自己有了更深入的觉察——外在活泼外向，内心却压抑着各种焦虑担忧，担忧别人对自己和孩子有负面的评价，并由此对孩子过度控制。他一想到因自己过度控制而导致小T产生了抽动症状就感到深深的自责。

其实，如果他的失控感能减少一些，在面对孩子的问题时就能平静许多，对孩子造成的心理伤害也会减少很多。对此，我为小T的父亲提出了以下调整方案。

第一周：消极情绪觉察练习

借助表3-2，针对自己的消极情绪，每天至少做两次觉察练习。消极情绪包括着急、焦虑、紧张、不安、烦躁、愤怒、害羞、沮丧、伤心、痛苦等。

表3-2　　　　　　　消极情绪觉察练习记录表

日期/时间	觉察到的消极情绪	程度（0~10分）
2月1日/10:00	着急、生气	着急（6分）、生气（7分）

第二周：积极情绪觉察练习

借助表3-3，针对自己的积极情绪，每天至少做三次练习。积极情绪包括愉快、兴奋、幸福、开心、高兴、自豪、有趣、有希望等。

第 3 章　每个问题孩子身上都有父母焦虑的痕迹

表 3-3　　　　　　　积极情绪觉察练习记录表

日期/时间	觉察到的积极情绪	程度（0~10 分）
2月8日/11：00	开心	1 分
2月8日/19：00	有趣	3 分

人们对消极情绪的感受往往更深刻一些，对积极情绪的关注则相对较少，因此常会感到生活、工作中充满了不愉快的情绪。然而，如果你能够关注积极的情绪（哪怕只有一点点）并记录下来，也会渐渐发现，生活中还是存在不少愉悦感受的。

平和的父母在生活中既要有发现问题的眼睛，也要有感受幸福的心灵。希望每个父母都能努力让自己成为这样的人。

第三周：语言表达情绪练习

人们表达自己情绪的方式有很多种，大多是直接表达的，如生气时大吼、开心时哈哈大笑。在与家人相处时，人们很少用语言表达自己的情绪，尤其是自己的消极情绪，这使得周围的人往往并不理解你为什么生气了。如果你经常着急、生气、发火，就会让这种情绪持续存在。如果你能用语言表达自己的情绪，就能让消极情绪得到缓解。

在这一周，小 T 的父亲要借助表 3-4 进行语言表达情绪练习。他需要每天记录自己的心情以及这种情绪的来源,每天至少记录两次,并在记录之后将文字出声地读出来。有时,我们会莫名产生某种情绪,它可能并不是因眼前发生的什么事情而起,但通过这样的练习,我们也许会发现,很可能是因为我们脑中闪过的想法或是回忆起什么事情才产生了这种情绪。

表 3-4　　　　　　语言表达情绪练习记录表

日期/时间	觉察到的情绪及程度（0~10 分）	语言表达出来的情绪
2月15日/12:00	生气（5分）	看到孩子起床晚了,我很生气,我希望他按时起床,不要拖拖拉拉
2月15日/18:00	不高兴（6分）	开车接孩子回家。一路上,孩子一直不开心,没精神,也不说话。看到他这样,我也感到不高兴

第四周：亲子愉快互动练习

经过第三周的语言表达情绪练习,小 T 的父亲发现自己往表中填写的内容越来越多了,心情也渐渐轻松起来。之前,他看到孩子不听话就板着脸、愁眉苦脸；现在,当孩子问他"你为什么不像以前那样吼我了"时,他会无奈地笑笑,不知何时自己在孩子心中成了"大吼大叫的魔鬼",他还开始担忧他们的

第 3 章　每个问题孩子身上都有父母焦虑的痕迹

父子关系会不会变得像自己的原生家庭那样——父亲成天责骂，自己则每天担惊受怕。如果他没有觉察自己的情绪，就很可能陷入这种模式的重复中，不知以后会对孩子造成多大伤害。如今，小 T 的父亲有些后怕，但更多的是为及早发现而庆幸。

在这一周，我为小 T 的父亲推荐了两个亲子互动活动。

亲子互动活动 1：欣赏着陪伴

以前，小 T 的父亲很少陪伴孩子玩耍，即使有时小 T 让父亲陪着他玩，父亲也只是在旁边指指点点，总是给孩子挑错误，玩着玩着孩子就哭了，结果又被父亲训斥。

所谓"欣赏着陪伴"，是指不做任何指导地陪伴，除非孩子真的遇到了危险才去及时阻止。要做到欣赏着陪伴，需要满足以下几点要求：

- 要将孩子视为一个艺术家，他所做的是在创作一件伟大的作品，父母应放下自己心中的标准；
- 要将自己"变为"和孩子差不多大的孩童，莫用成年人的标准去评判孩子所做的事；
- 不做任何负面评价，只给予正面的、积极的肯定和鼓励；
- 如果特别想指导孩子，就要在心中轻轻地告诉自己"等一等，过一会儿再说"，过一会儿可能就不想说了。

当以这种心态陪伴孩子时，孩子在一开始时会紧张不安，总是时不时地瞟一眼父亲，或是用余光观察父亲的表情。后来，随着父亲陪伴时的表情越来越柔和，说的都是认可、欣赏孩子的话，没有批评，孩子便越来越愿意让父亲陪着玩，和父亲的沟通也变多了。

亲子互动活动2：自由地互动

当陪伴孩子玩时，要与孩子自由地互动，不做限制。例如：

- 和孩子一起自由奔跑，但不要总是超过孩子；
- 和孩子一起玩枕头大战，但要适当示弱，让孩子赢；
- 和孩子玩跑跳游戏，让孩子来制定规则，父母配合孩子的规则，千万不要在玩的时候和孩子讲对错。

如果能与孩子自由地互动，孩子就会感到放松，父母也能卸下教育的负担，回归童心。

经过这样的互动，小T的父亲在面对孩子时不再像之前那样总是怒气冲冲的了，会经常笑。亲子关系改善之后，小T频繁挤眼睛的问题也好了很多。

第 3 章　每个问题孩子身上都有父母焦虑的痕迹

如何矫正曾被溺爱的孩子的不良行为习惯

如今，像小 T 这样从小在祖父母或外祖父母身边长大的孩子不占少数。老人往往会对孙辈照顾多、迁就多、满足多。一般来说，曾被溺爱的孩子会更为冲动、凡事以自我为中心、延迟满足的能力差、不愿遵守规则、我行我素等。这些孩子的父母在看到孩子存在上述行为问题时一定会非常着急，因为孩子的一些不当行为确实需要加以矫正和规范，否则一旦融入集体就会遇到很多困难。

不过，着急归着急，孩子日常不当行为的矫正、正确行为的培养、建立规则意识等都不能急，要一点点来。否则，父母一着急就生气，一生气就打骂，就会导致孩子的内心很混乱。

接下来，我们以小 T 为例，来说明如何为曾被溺爱的孩子立规矩。

步骤 1：要明确告诉自己，孩子只是孩子

小 T 的父亲需要明确告诉自己，小 T 还只是一个上幼儿园中班的孩子，只有四岁半，有些行为做不到可能并不是孩子故意的，而是由于年龄所限，强制要求这个年纪的孩子所有事情都做到，甚至是都做得很好是非常不现实的，也不利于孩子的心理健康。

步骤 2：为孩子列行为习惯矫正清单，并从中选择一至两项

小 T 的父亲起初给孩子列的行为习惯矫正清单包含了几十项，但他也意识到，让孩子一下子都改过来很不现实。经过仔细思考，他从中选择了早上按时起床和洗漱，他认为这两项是需要最先矫正的。

步骤 3：给予语言激励和物质奖励

以前，小 T 早上起床总是很困难，上幼儿园总是迟到，而且一路上还哭哭啼啼的。对此，应提前与孩子商定起床时间，鼓励他在这个时间起床，也可以为他准备他喜欢吃的食物，将其作为一种隐形奖励。起初，孩子可能很难达到要求，但不要急着批评孩子，而应继续鼓励孩子在第二天早起一点点。如果孩子能够提前哪怕是一两分钟，也要给予语言激励，如："你今天提前起床两分钟，非常棒！"叫孩子起床时，父母要面带微笑并保持愉快的情绪，营造愉快的氛围，这有利于叫孩子起床，也能防止他产生"起床气"。

在这个过程中，如果父母的失控感较强烈，就会在孩子不听话或达不到自己的要求时非常生气，甚至情绪崩溃、打骂孩子。

千万不要这样!

要知道,孩子良好行为习惯的培养是一个过程,而不是一个快速达成的结果。如果孩子做不到,父母就要告诉自己,孩子需要一些时间。同时,父母也要看到孩子的努力和坚持,并给予鼓励和认可。

只有这样,才能帮助孩子逐渐纠正坏习惯、培养好习惯。孩子在培养新的行为习惯后会获得对自己的掌控感,形成"我能做到""我行""我可以"的信念;否则,孩子心中就都是关于"我做不到""我不行"的消极信念,很容易感到焦虑、抑郁,即使在父母的强制下不得不做到,也很可能会出现心理问题。

你越急躁,孩子动作越慢

有的父母自身的焦虑和抑郁情况很严重,来做咨询时,滔滔不绝地讲述孩子的各种问题,对孩子的状态感到非常着急——总是觉得孩子特别慢,特别是学习时。在父母的眼中,孩子的动作就像慢放模式,而父母的心情则像快进模式,双方无法同频。父母希望孩子的慢放模式能够尽快跟上自己的快进模式,而孩子则认为在自己的慢放模式中非常舒适。

长期下去,父母会感到烦躁,孩子也会感到焦虑、有压力,但行为上很可能还是提不起速度，因此仍被父母视为拖沓并被指责。

案例

小略，女孩，四年级。平时开朗、活泼、好动，学习成绩中下等，经常因为马虎而算错题或是漏题，上课最多只能听进去一半，手里总拿着小玩意玩个不停。小略非常喜欢玩，每天放学回家后都是拖拖拉拉很久也不开始写作业，等到拿起笔写作业时已经很晚了，因此每天晚上睡得也很晚。

小略的母亲是个急性子，每天看着小略大大咧咧、拖拖拉拉的样子就很着急。上了四年级后，小略的学习成绩一再下滑，但她自己并不着急，玩心还是很重，对待学习也是漫不经心。看到孩子这样的学习状态，母亲更着急了，每天催促她学习的唠叨声直到睡觉才停止，但小略对母亲的催促唠叨则没什么反应。

从小略上一年级开始，母亲每天就为她的学习着急上火。母亲知道自己是个急性子，可是看着小略却控制不住地更加着急。让母亲感到绝望的是，只有吼小略，她才能

第3章 每个问题孩子身上都有父母焦虑的痕迹

快点写作业,其他时候,她好像已经屏蔽了母亲的唠叨,依然慢吞吞、我行我素。

小略的父亲常劝妻子,不要天天盯着孩子写作业,已经催了四年了,孩子也不听,连他听了都觉得心烦,更别提孩子了。听到丈夫这么说,小略的母亲更生气了,说:"我不这么管她,她不就完了吗?我看见她对学习毫不在乎就生气,这孩子真是太气人了!"

最近,老师经常给小略的母亲打电话,反映孩子在上课时不听讲,给身边的同学传纸条,作业写得太潦草,学习成绩下降,考试时忘了答卷子背面的题……每次老师一打来电话,小略的母亲就非常焦虑,心跳加速,觉得孩子没救了,未来没希望了!在小略回家后,她又把孩子狠狠地训斥了一顿,可令她没想到的是,这次小略并没有像往常那样闷不作声,而是大哭起来:"妈妈,我太笨了……我学不会,我怎么都学不会……老师在课上讲的东西我都听不懂……我不想上学了……"看着号啕大哭的小略,母亲却一句话都说不出来了。

母亲带着小略来到咨询室,她觉得仅凭自己的力量已经管不了孩子了。在与小略的母亲的交谈中,我深深地感受到了她严重的焦虑和在育儿方面的强烈失控感。

在失控感测试中,她的得分为 18 分——几乎到了崩溃的边缘。小略的母亲看到自己的测试结果,说这个测试结果太能说明自己最近的状态了,她每天都因孩子而处于深深的焦虑之中,但是她和孩子之间总像是隔着什么,自己对孩子的呼喊似乎非常遥远。

急躁的背后,是追求完美

在给小略的母亲做咨询的过程中,她存在着明显的引发失控感的信念。她在述说教育孩子的烦恼的时候,经常说这样的几句话:"为什么小略不能像我小时候那样,放学回家后第一件事就是写作业?""为什么她不能像我那样,快速地把自己的事情做好?""为什么她不能像我小时候那样爱学习?"每一句问话的重音都重重地放在了"为什么"这三个字上。

在这一连串问话中,有对孩子满满的期待,也有强烈的不满——不满孩子为什么不能像自己当年一样,做什么事情都能自觉主动、快速高效,不用任何人催促。她们母女二人的童年似乎形成了鲜明的对比,母亲以自己的童年为标准,当看到孩子达不到甚至是远远落后于这个标准时,心里又急又气,对孩子的失控感越来越强烈。

我从事父母心理咨询工作多年,看到非常多的父母以自己

第 3 章　每个问题孩子身上都有父母焦虑的痕迹

的童年为标准,与孩子的现状做比较。然而,父母心中关于自己童年的样子,已经经过很多"理想化"的加工而变得非常"完美"了,且父母期望自己的孩子也是如此完美的。也有很多父母会以自己的现状为标准来要求孩子,不理解为什么孩子不能像自己现在这样自律。事实上,让孩子养成父母现在的行为习惯或者达到父母现状的自律状态对孩子是不公平的,因为孩子还年幼,其阅历、思想和发育都达不到父母这个年龄所能达到的境界。

在意识到自己的焦虑和失控感后,小略的母亲回忆起自己的成长经历——她的童年一直是在哥哥的光环的笼罩下度过的。哥哥一直是家里的骄傲,严厉的父母也总是以哥哥为榜样来教育她。她一直希望得到父母的关注和认可,以哥哥的表现为标准来努力,生活习惯上很自律,因为一旦做不好就会遭到父母严厉的批评。她在学习上更是如此,尽管每次考试之前她都焦虑得睡不着觉,但是成绩还算不错。为了不被父母批评,她总是事事冲在前面,提前把父母可能要求的事情都做好。

这样一来,小略的母亲便从小形成了急躁的性格,并伴有隐隐的焦虑不安,她的内心深处留下了"如果不提前准备好,就可能发生不好的事情""只有把所有可能出现的不好的结果都预想到,我才是安全的"等信念。

每个父母心中都住着一个童年的自己(有的理论也称其为

"内在小孩"），这个童年的自己有可能是令人满意的，也有可能是令人不满意的，且往往是令人不满意的居多，或是假想一个完美的自己来掩盖瑕疵。孩子出生后，父母对于这个童年的自己的满意或不满意的形象就会投射到孩子身上，一旦发现孩子达不到自己的标准就会引发恐慌。

急躁的父母如何与慢性子的孩子相处

当急躁的父母遇上了慢性子的孩子，是不是就意味着以后要一直水火不容了？当然不会一直这样，只要心态平和、方法得当，急躁的父母与慢性子的孩子肯定也能建立良好的亲子关系。

小略的母亲在觉察到自己急躁、焦虑的性格后，很不希望自己继续这样，因为这已给孩子的心理带来了严重的负面影响。她认为，她们之间的矛盾主要是她们的生活频率不一致，若以母亲的频率来要求孩子，孩子就会难受；若以孩子的频率让母亲接受，母亲就会生气着急。到底谁该迁就谁的频率？

我觉得她们之间的问题可能并不在于此，而是小略的母亲需要弄清楚，自己到底希望孩子成为一个具有独立自主能力的人，还是一个只会在父母的催促下一点点往前挪动的人。后一种孩子的父母一旦停止催促，孩子就会失去前进的动力。

第3章 每个问题孩子身上都有父母焦虑的痕迹

我让小略的母亲把她觉得孩子慢的行为一一写下来,如下:

- 磨蹭好半天才开始写作业;
- 边写作业边玩;
- 早上起床慢吞吞的;
- 穿衣服慢;
- 写字慢;
- 做数学题慢;
- 出门慢;
- 收拾书包慢;
- 反复催促好久才过来吃饭;
- 吃饭慢;
- 洗漱慢;
- 走路慢,且边走边玩;
- 要催促好几遍才有回应;
- 改错慢,拖拖拉拉就是不改;
- 拖拖拉拉好久才上床睡觉,早上又不起。

以上只是母亲每天都会催促小略做的事情中的一部分。可以料想的是,小略的耳朵里每天都充斥着母亲的催促,不是她自己想做什么而去做什么,而是母亲让她去做什么,她才去做什么。久而久之,小略的心里就只剩下"玩"了,对学习、写作业这些重要的事情都提不起兴趣。

以上事情也是母亲希望小略能主动去做的，这是需要一点点培养起来的习惯。对于成长中的孩子来说，有的孩子好习惯培养得快，有的孩子好习惯培养得慢。对于后者（小略就属于这种），就需要父母给予更多的陪伴、耐心和积极关注，这样孩子才能一点点变得快起来、主动起来。以第一项"磨蹭好半天才开始写作业"为例，小略的母亲可以这样和孩子商量："如果我们不催促你写作业，那么你打算每天放学回家后过多久再开始写作业？"母亲可以和她商量一个时间范围，鼓励她自己来决定开始写作业的时间。起初，孩子会觉得非常高兴，并因获得自主权而觉得很自由，但不久后就会有担忧，尤其是像小略这样之前天天在母亲的催促下做事的孩子，如果母亲突然不像之前那样催促自己，难免会感到慌张和不知所措。比如，到了该写作业的时间，她可能还会嚷嚷着让母亲陪着写作业。这时，母亲也可以答应孩子的要求——只需陪在孩子的旁边做自己的事情就可以了（如读书），但不要做休闲的事情（如刷手机），否则孩子就会觉得不公平，会认为母亲在她写作业时却在做自己喜欢的事情，这样就会影响孩子的心情，进而削弱孩子写作业的动力。

对于急性子的父母来说，在等待孩子写作业的时间内要保持耐心、不催促，难免会非常焦虑，担心孩子无法主动去做事，

第 3 章 每个问题孩子身上都有父母焦虑的痕迹

担心没有父母的催促孩子什么都做不好……

对于长期需要父母催促监督的孩子，其实更需要父母放开一些权限，能独立去安排一些事情，如什么时间写作业、先写哪科作业、写的质量等。这样不仅能锻炼孩子在学习上的自主意识，还能激发孩子的学习动机。当然，培养孩子在学习上的独立自主意识，并非让父母对孩子的学习放手不管，而是要在孩子需要时能及时提供帮助。例如，孩子在写作业的过程中玩了起来，要是玩了十几分钟还没继续写作业，父母就可以问问孩子写到哪儿了或是还差多少能完成，从而帮孩子把注意力再转移回写作业上。父母需要注意，此时不要指责孩子，而要认可孩子已经完成的事情，引导自己去关注孩子的积极行为，而不是预期那些没有产生的消极行为的结果。

急性子的父母肯定希望在短时间内培养孩子的自主性，在这个过程中有时会忍不住又恢复了催促和吼孩子的模式。因此，急躁的父母在培养孩子的学习和生活习惯方面，一定要做好长期打算，每天只关注孩子取得进步的地方，即使是指出孩子的问题，也一定要记住这个原则——就事论事，不要给孩子贴标签。

常把"必须""马上"等词挂在嘴边容易让急性子的父母在孩子出问题时失控，因此，父母需要经常提醒自己：要与慢性子的孩子和平相处。当想到"必须"时，父母可以这样思考：

"我希望孩子必须按照我的指令做,但是孩子有他自己的节奏,我可以等一等。"当想到"马上"时,父母可以这样思考:"我希望孩子马上去做作业,但是如果孩子有他的时间计划,那么我可以等一等,让孩子自己决定什么时候行动。"

慢性子的孩子的学习、生活习惯需要慢慢地耐心培养,在这个过程中,急性子的父母也可以渐渐地不那么焦虑,也可以慢一点。一旦急性子的父母慢一点,慢性子的孩子就可能会渐渐地快一些了。

当失控感来袭,父母该如何做

在很多心理准备工作都做好后,父母可能会发现,真正行动起来时非常困难。尤其是刚开始行动时,父母会感到万般无奈——不催促孩子做这做那,失控感就会来袭。

小略的母亲是如何克服这种失控感的呢?

案例

在行动开始的第一天,小略的母亲下班回家后,看到小略还在玩,便问她作业做完了没有。小略没有立即回答,

第3章 每个问题孩子身上都有父母焦虑的痕迹

母亲顿时一股火蹿上来。换作往常,她会劈头盖脸地数落小略一番,然后开启机关枪式的催促模式。今天,她深深地吸了一口气,把到嘴边的话咽了回去,转身离开小略的房间去做家务了。做家务时,她感到自己的怒气渐渐平复了下来,心想:既然事先和孩子约定好了,就等一等她吧。终于,在快到9点时,小略来到母亲身边,扯了扯母亲的胳膊,问她能否陪自己写作业。此刻,母亲一直悬着的心终于放松了下来,高高兴兴地陪着孩子写作业去了。

在后续的几天里,小略有时9点开始写作业,写到11点多还写不完。之前,小略的母亲会非常着急和生气,嘴里还会唠叨着"快点写、快点写""写不完老师该批评你了""睡太晚对身体不好,你明天上课时该没精神了"。这几天,每当这些话冲到嘴边时,她都会按照我给她的建议离开小略的房间,去厨房喝口水,或是去客厅做几个广播体操的动作,然后再回来陪伴孩子写作业。

再往后的几天里,小略对母亲说,9点开始写作业太晚了,感觉睡眠不足,她想早一点开始写作业,比如提前到8点半,这样就能早点写完、早点睡觉了。母亲听了非常高兴。可是,在说过之后的第一天,小略还是拖到了9点才开始写作业,母亲急躁愤怒的情绪又冲了上来:"你不是说……"但是她还是把接下来要说的话咽了下去。小略有些愧疚还有点担忧地看了看母亲，母亲立刻让自己恢复平静，然后微笑着说："我相信你明天能 8 点半开始写作业。"小略听了，高兴地点了点头。

这样练习了一个多月后，小略能将自己开始写作业的时间控制在 8 点至 8 点半之间，尽管达不到母亲的期望，但已经算是有了很大的突破。

我鼓励小略的母亲练习记录小略的进步和自己的进步，这在以前对于她来说是一件非常困难的事情，但是这次她非常轻松地记录了下来（见表 3-5）。

表 3-5　　　　　　　　小略和母亲的进步记录表

小略的进步	母亲的进步
• 写作业时间提前了 • 写作业有一些主动意识了 • 母亲叫她一次，过一会儿就能答应了	• 唠叨少了 • 能控制住自己了 • 能和孩子好好说话了

拳棍相加，只会养出更暴躁的孩子

我在临床工作中，经常看到一些父母情绪状态起伏剧烈，非常暴躁，一提起孩子就恨得咬牙切齿的。有的父母很信奉那

第 3 章 每个问题孩子身上都有父母焦虑的痕迹

句老话:"棍棒底下出孝子。"尤其是父亲在教育儿子时,非常容易陷入这种极端的方式中。也许是因为父亲对儿子的期望值比较高,期待儿子能取得比自己更高的成就;也许是父亲在看到儿子后,更容易想起曾经的自己。往往是那些小时候在棍棒底下成长起来的人,如果对自己成长过程中的问题没有觉察,而是陷入一种自恋的状态中,在为人父母后就很难管理好自己的情绪和行为,从而会不自觉地用小时候自己最讨厌的方式来教育孩子——简单粗暴,还可能会拳脚相加。

案例

小 R,男孩,五年级。他在三年级时被诊断为抽动症。前段时间,抽动症复发:他在班里发出怪声,同学们嘲笑他,他就干脆不去上学了,请假在家里待着。无论父母和老师怎么劝说,小 R 都拒绝上学。

在小 R 的背后,是脾气暴躁、习惯用武力来管教儿子的父亲。

小 R 出生之后,父亲被调离北京,一直在外地工作。由于工作业绩突出,在小 R 上一年级后,父亲就被调回北京总部任高管了。父亲在工作中非常努力勤奋,但是对人对己要求都很高，如果达不到要求，他就会生气地摔东西。

之前，小R一直期盼着父亲能回北京工作，这样就可以天天见到父亲了。然而，父亲在外地工作的那些年，每次与孩子见面的时间短，他都只顾着喜欢孩子了，也没时间管教孩子，因此那时父子俩的关系还比较好。自从父亲调回北京工作后，天天看着孩子活蹦乱跳地玩，很少看见孩子学习，他就气不打一处来。每天见到儿子玩他就训斥："我像你这么大时，就已经认识很多字，能自己看很多书了。你再看看你，除了玩还会干什么啊！"

小R从小聪明伶俐、活泼好动，上小学后学习知识也是非常快，只是和很多男孩子一样有时会粗心，比如做口算时因马虎而算错，写字时不注意细节。有一次，小R数学考了90分。父亲看了非常生气，狠狠地打了小R几下，让他记住这次教训，并告诉他以后考试不能低于98分。父亲对小R的学习要求很高，尽管他平时没有时间陪孩子玩，但是只要一有时间在家，他就必然会检查小R近几日的学习情况，每到这时，对小R来说都是噩梦，除非他考了非常好的成绩才能让父亲满意。虽然小R的学习成绩在班里还不错，但偶尔也会有波动。当小R考试成绩有波动时，要是再遇到父亲心情不太好，就一定会挨打。

上三年级后，小R出现了清嗓子、挤眼睛、甩胳膊等

第 3 章 每个问题孩子身上都有父母焦虑的痕迹

症状,还经常发脾气,他和母亲说,他不知道自己是怎么回事。经诊断,他患有轻度的抽动症,针灸了一段时间后就好了。到了四年级,学习难度加大了,小 R 的成绩比之前略有下滑,他每天在家写作业时都哭,说不想上学了。母亲也经常劝丈夫,靠打孩子是无法让孩子提高成绩的,可是父亲不听,还说"孩子不打不成器"。五年级期末考试时,小 R 因太紧张大脑一片空白,数学考试差点没及格。这次父亲特别生气,打孩子时下手有些重,当时小 R 并没有哭,直接就睡下了。第二天早上起床时,他的嗓子里不由自主地发出奇怪的尖叫声,而且声音很大,还伴有甩胳膊、歪脑袋等动作。他的父母见状都被吓坏了,让他在家休息了两天也没好,赶紧带他去了医院。经诊断,是抽动症复发了,医生为他开了一些药物对他进行治疗。小 R 变得蔫蔫的,不再像之前那么机灵了。

看着小 R 的样子,母亲很心疼、很难过,觉得小 R 的心理肯定也出了问题,因为她觉得孩子在这两年变得越来越自卑,还经常有不想上学的念头。于是,她劝说小 R 的父亲一起带孩子来上情商课,让孩子调整心理状态。她坚信,如果丈夫的心态不改变,孩子的心理就很难调节好。

看着小 R 的样子,父亲仍强硬地说:"小 R 太脆弱了,得好好历练，像现在这样胆小如鼠，将来怎么能成大器呢？"不过，尽管父亲的语言中满是对孩子的不满，但他也很心痛，本希望对孩子的教育强硬一些就能让他变得坚强，没想到会弄成现在这样。

暴躁的背后，是对自己的不满和自卑

在对小R的父亲进行失控感测试后，我发现，其实他不仅在面对孩子的学习成绩不如意时失控感会达到20分，而且当他在工作中遇到没做好的事情时失控感也会达到20分。此时，他会突然暴躁，严重时还会摔东西、抓扯自己的头发、使劲敲打自己的头。

原来，小R的父亲不仅对孩子的要求高，对自己的要求也很高。正是因为他对自己有很高的要求，他才从一个偏远的地方考到一线大城市读大学，在工作中也比别人拼命，一路过关斩将，当上了公司高管。

小R的父亲从小生活在有家庭暴力的环境中，小R的爷爷不仅脾气暴躁，而且喝酒后经常打孩子。小R的父亲是兄弟姊妹中学习最好的，但是因为性格倔强，从不认错说软话，所以挨打最多。小R的父亲正是为了逃离暴打，才经常躲在学校里啃着冷馒头也不愿意回家，他逼着自己拼命学习，一心想着以

第 3 章　每个问题孩子身上都有父母焦虑的痕迹

后出人头地,可以永远逃离这个给他造成伤害的家。

小时候的经历让小 R 的父亲深受伤害,他很害怕也很憎恨当年被父亲暴打,这让他也变得容易暴躁、极度愤怒,并同样以暴力的方式来宣泄愤怒。然而,在他的内心深处,其实对自己父亲的教育方式是很认同的——如今的成就,正是拜儿时接受的打骂教育所赐。尽管他没有意识到这种认同感,但他默默地认同了这种教育方式,并以同样的方式对待自己和儿子。

在讨论到小 R 现在这个样子时,我给小 R 的父亲讲解了暴力教育对孩子情绪的打击与抽动症之间的关系。他非常认真地听着,陷入了沉思,眼圈红红的,不像刚开始时那样态度强硬了,而是流露出一丝自责。他摘下眼镜,用手擦了擦眼睛,然后双手端端正正地戴好了眼镜,叹了口气,说:"我以为我这么做都是为了他好。我以前觉得,只有这样的教育才是最好、最有效的,才能让孩子优秀……可是我万万没想到,现在的孩子这么脆弱,会出现这么多心理问题。老话说'棍棒底下出孝子',我就是个活生生的例子啊!我从小地方走到大城市,多亏了我父亲当年对我那么狠。虽然我之前很恨他,但是现在我很孝顺他,我比我的兄弟姊妹对他都好。我承认,我的脾气暴躁,可能是小时候被打出来的。当我发脾气时,我有时能从我的身上看到我父亲的影子。"

我可以感受到小 R 的父亲在暴躁的脾气背后,隐藏着对孩子深深的期待。不少父母认为，用打的方式可以提高孩子的逆商，增强孩子的抗挫折能力，能记住自己的错误下次不会再犯等，却不知在打骂孩子的过程中，孩子的愤怒情绪被恐惧强烈地压抑住了，尤其是父母在盛怒之下打孩子时，会给孩子的心理带来更加严重的伤害。我们从案例中可见，不仅小 R 的父亲的情绪调控能力在其原生家庭的不当养育中受损，而且因他延续了这种不当养育，又让小 R 的情绪调控能力受损。

在小 R 接受情绪疏导和提升情绪调控能力的过程中，他的父亲也要学习一些调控自己暴躁情绪的方法，因为经常暴躁、愤怒不仅会影响孩子和家人的身心健康，还会有损自身的身心健康。

我们先要从意识层面找出造成小 R 的父亲如此频繁且强烈地产生失控感的因素。表 3–6 为小 R 的父亲的记录。

表 3–6　　　　小 R 的父亲关于情绪失控的记录

时间	事件	情绪（0~10 分）	当时想法
4月8日	孩子考试成绩不好	特别生气（10分）	• 你太丢人了 • 这点小事都做不好，你还有什么用
4月10日	未能及时发现一份重要文件中的纰漏	极度愤怒、羞愧（10分）	• 我太没用了 • 我太丢人了

第 3 章　每个问题孩子身上都有父母焦虑的痕迹

　　从上表可见，不论是孩子的学习还是自己的工作，都容易引发小 R 的父亲产生迅速而强烈的愤怒。他的愤怒往往没有缓冲，直接达到最高峰，且当愤怒的情绪到达顶峰时，他就会控制不住地摔东西、打自己甚至打孩子。在意识层面，引发他如此愤怒的主要原因是，他对自己的不满和自卑。当孩子做不好时，这些想法又会投射到孩子身上，仿佛孩子成了自己的化身。

　　小 R 的父亲是个很拼的人，凭借超出常人的毅力打拼出了属于自己的一片天地。尽管在别人看来他已经非常成功了，具有卓越的工作能力和毅力，但在他看来，自己仍不如别人，且"不如别人"的这种恐慌一直伴随着他。当他或孩子做的事情不如意时，他就会产生深深的自责，脑海中出现的都是否定自己的想法。

　　当小 R 的父亲填写了表格后，他被自己的想法吓了一跳：为什么对自己这么自责？其实，从表面上看，他对自己的工作和职位还是较为满意的，但是在从小到大的成长过程中，他一直都把自己放在很低的位置，总觉得自己不如别人，所以才要比别人付出多得多的努力以换取一时的安心，否则他就会感到异常焦虑，担心自己失败，更怕到了最后还是要回到他非常憎恶的家里。因此，从小到大，那些自责的话从未离开过他，现在又传递给了儿子。仔细想来，尽管这样被打骂的成长过程似乎给他带来了学业和事业上的成功，但也给他的心理带来难以磨灭的恐惧感。

现在，为了自己，更是为了孩子的心理健康，小R的父亲要勇敢地去面对自己多年来的恐惧和焦虑，改变对自己的自责，学会欣赏自己和孩子。

消除严重焦虑和恐惧带来的暴怒，最根本的是要转换意识上惯有的自责语言（它们往往会在第一时间出现在脑海中，继而迅速占据大脑），将之改变为自我认可的话。然而，冰冻三尺非一日之寒，需要反复练习这个转换过程。表3–7为小R的父亲进行的自我认可的转换练习。

表3–7　　小R的父亲进行的自我认可的转换练习

序号	自我否定的想法	转换后的积极想法
1	我太笨了	我只是遇到了小困难，我可以想办法解决
2	我太丢人了	我无须在意别人怎么看，只要自己努力了就好
3	我太没用了	我只是一点小事没做好，我稍后将查明问题出在哪里了
4	我一无是处	我有很多优点

棍棒底下真能出"孝子"吗

常有父母跟我说，过去的孩子该打打、该骂骂，却很少出现心理问题；现在的孩子动不动就出现心理问题，太脆弱了！

第 3 章 每个问题孩子身上都有父母焦虑的痕迹

是现在的孩子太脆弱了,还是有其他的原因呢?

多年来,我诊治了很多孩子,也辅导过不少家庭和父母,总结起来并不全都是因为孩子脆弱,还存在很多其他方面的原因。

现在的孩子所生活的环境和上一代人所生活的环境是不一样的,所遇到的压力也是不同的。尽管父母经常说现在的孩子不如自己儿时,但如果仔细比较就会发现,这一代孩子需要承受的压力和期望都比父母那一代要大得多。我们从他们从小就要上的各种补习班、兴趣班就可以看出来,孩子们从小就要面对各种竞争,这是大的环境。还有小的家庭环境,包括来自父母的焦虑、家人的聚焦式关注,还有相对封闭、约束的生活环境等,都与上一代人不同。在这样的环境中,孩子们更容易感受到焦虑等负面情绪,且这些负面情绪在相对受限的生活环境中,很难通过在户外自由跑跳、嬉戏追逐等方式得以释放。

来自父母的高期望也是如今孩子所承受的巨大压力来源之一。这可能是当代社会高度发展、父母的心理压力增大的缘故。尤其是在大城市中打拼的父母,大多是经过一路拼搏才取得了现在的工作成就,深知生活不易,所以对孩子的期望自然也会很高;还有的父母自己生活得并不如意,因此希望孩子能够跳出原有的生活圈,通过努力学习考入好大学、找到好工作……父母的这些高期待,也意味着父母有强烈的焦虑感,并且很容易将这些强烈的焦虑感传递给孩子。由于孩子还小,他们还不知道该如何正确地处理自己的焦虑及其他负面情绪,因此会通过各种行为和情绪上的方式表现出来。这时,孩子就会显得脆弱、经不起风雨了。

要想让孩子经得起风雨,成为内心强大的人,就需要父母克制自己的焦虑情绪,不要将其过度传递给孩子;孩子也需要学习情绪管理,调控好自己的各种情绪,这是成就其强大内心的基础。

老话中所说的"孝子",在过去可能单纯是指对父母的感恩、孝顺、赡养,而现在的父母对孩子的"孝子"期望不仅局限于这些,更多的是指孩子能通过自己的努力成为自立自强的人,拥有美好的未来。

带着这样的期望再去教育孩子,父母就会关注孩子可能会遇到的心理压力。尽管学习和各种才能的培养很重要,但是如果孩子不能拥有良好的心理状态,那么他在未来的生活和学习中可能会遇到很多跨不过去的障碍。

真正的"孝子"应该这样培养

网络上常会看到这样的新闻:有的学校为了培养学生对父母的感恩之心,会组织大型的感恩教育活动,学生们被台上的

第 3 章 每个问题孩子身上都有父母焦虑的痕迹

主持人煽情得痛哭流涕；还有的学校会组织学生拥抱父母，然后为父母敬茶或是为父母洗脚等感恩活动。

这样的活动的出发点是好的，但不能指望仅凭这样一次活动就能改善糟糕的亲子关系。毕竟，生活并不需要作秀，只有在有爱的家庭中，孩子才能感受到被尊重和被爱，树立自信，其情绪调控能力也能得到保护，处于这种心理状态下的孩子才能发自内心地去感恩父母，感激父母的养育之恩。

我认为，如果按照如今对"孝子"的理解（既要感恩父母，又要独立自强），那么对于孩子的情绪调控能力和自信心的培养就非常重要了。试想，一个无法管理好自己的情绪、每天处于无法自控的焦虑情绪中的孩子，怎么可能会有足够的心理空间和精力去关心别人（包括父母）呢？一个每天处于被批评、被指责、被打骂的家庭环境中的孩子，如何建立自信？他对待父母的态度也很可能像父母对待他那样，一旦亲子关系变得很糟糕，"感恩""孝顺"就无从谈起了。

在培养孩子情绪调控能力的过程中，父母的情绪状态和情绪调控方式每天都会展示给孩子，孩子耳濡目染就习得了。因此，在家庭教育中，要想让孩子在家庭中学习到良好的情绪调控的方法，父母就要先管理好自己的情绪。

战胜代际焦虑：父母越平和，孩子身心越健康

案例

小L，男孩，三年级。他在学校里是个"小霸王"，同学们都怕他，因为他和班里的每个男孩子都动手打过架，只要和同学稍有点矛盾就会大打出手，也不怕老师的批评和惩罚。

在家里，小L最害怕父亲，因为父亲脾气暴躁，很少和他耐心地讲话，认为他有错就要直接体罚。要是小L在家淘气惹事或是太吵闹了，父亲就会生气地揍他一顿；要是他在学校惹祸了，父亲就会揍得更厉害。在小L上一二年级时，父亲每在家里教训他一顿，他就能在学校遵守纪律一两周。上了三年级后，每当他在家里惹父亲生气被打了之后，到学校后也变得非常暴躁，有时还会故意招惹同学。有一天早晨上学前，小L因吃饭慢而被父亲狠狠地踢了两脚，到学校后，小L上第一节课时就坐不住了，前后摇椅子，使得周围的同学也无法上课。老师批评了他，结果他气得把周围同学书桌上的东西都扔到了地上。

当亲子之间暴力相向时，有的孩子也会用暴力来发泄自己的情绪，脾气也会容易暴躁，与同学之间一言不合就动手打架，非常影响同学关系且违反学校纪律，对孩子自己的情绪状态也

第 3 章 每个问题孩子身上都有父母焦虑的痕迹

不利,还可能提高孩子未来患抑郁症的风险。在儿童及青少年心理咨询的个案中,有的孩子的暴躁攻击行为是在抑郁的情绪状态下产生的。如果父母没有发现,孩子的暴躁攻击行为就不利于他在学校中的处境——不仅无法管理好自己的情绪和行为,还会给周围的同学和老师带来很大的烦恼。小 L 的父亲习惯于用暴力解决矛盾、冲突,并借此宣泄自己的焦虑抑郁情绪,这种暴力行为会成为一种自动化的行为方式并传递给孩子。

因此,在现代社会中,棍棒底下的教育很难出"孝子",反而容易让孩子患上心理疾病。

要想培养既能感恩父母又能独立自强的孩子,父母需要帮助孩子养成良好的情绪调控能力。尽管这对情绪暴躁的父母来说很难,但值得为此付出努力。以下提供的"四个停止"练习,可以为父母提供帮助。

停止动手

无论父母多生气,都不能动手打孩子,更不能让动手打孩子这个行为变成习惯。在孩子犯错误后,如果父母无法控制自己的情绪,那么可以由情绪相对平和的一方来与孩子沟通;如果现场没有其他人,那么可以等情绪平复下来后再与孩子沟通,沟通时,可以把手插入衣服兜里,提醒自己不要打孩子。

停止摔打

脾气暴躁的父母很容易通过摔东西、砸东西来宣泄自己的愤怒情绪，但是久而久之，孩子也容易习得这种不当的宣泄情绪的方式。因此，这种父母需要把摔打这种不当的情绪宣泄方式转换为适当的、没有破坏性的情绪宣泄方式。例如：

- 做有氧运动，释放愤怒情绪；
- 在纸上记录自己的愤怒情绪，然后将纸撕碎了扔掉，也可以在一定程度上平息愤怒的情绪；
- 用力捶打靠枕或枕头，也有助于发泄愤怒。

停止怒吼

脾气暴躁的父母很容易吼孩子，但频繁地吼孩子对其身心健康和父母自己的身心健康都是不利的，而且对孩子的教育也起不到好的作用。虽然孩子会感受到短暂但强烈的恐惧，但是很快就会失去作用。如果父母忍不住想吼孩子，那么一定要在吼过之后将自己生气的原因讲出来，包括三个因素：因孩子做了什么事情而生气、孩子错在哪里、希望孩子如何正确地去做。

停止语言暴力

有的父母尽管不会对孩子进行体罚,但有时会对孩子进行语言暴力(如挖苦孩子、给孩子贴上负面标签),这对孩子的伤害性也是非常大的。越是用语言暴力,就越容易看到孩子做得不好的一面,也越容易让自己的情绪陷入愤怒和暴躁之中。父母可以借助表3-8,试着多去找找孩子和自己的一些值得夸奖的事,并用语言表达出来。相信在一段时间后,无论是父母自己还是孩子,都会发生积极的改变。

表3-8　　　　　　　亲子找优点练习

日期	父母做了什么值得夸奖的事	孩子做了什么值得夸奖的事
8月1日	今天孩子写作业不认真,我耐心地给他指出了错误,没有吼他	今天孩子被指出作业上的错误后,立刻改正了
8月2日	今天早上叫孩子起床时只催了一遍	孩子今天起床比平时提前了三分钟
8月3日	今天接到老师的投诉,很生气,但没有打孩子	今天孩子帮忙倒了一次垃圾

一味地让孩子委曲求全,只会让孩子心理扭曲

有的父母性格温和,对孩子也很温和,却无法给孩子力量

感。尤其是在给予孩子关于与同伴交往的指导上，他们往往会让孩子去讨好、忍让对方，害怕自己的孩子在与别的孩子交往和玩耍时惹麻烦，因而会让孩子一退再退。

他们这么做，往往可能是因为他们曾吃过亏，因此想早早地给孩子灌输这些道理，以防将来孩子吃亏。然而，这种过度谦卑的处事思想在对孩子的教育上会造成偏差，因为孩子在面对很多情景时并不知道该如何处理，所以当孩子在面对同伴之间的矛盾冲突时，很容易产生恐惧和想要逃避的心理，讨好对方也就成了孩子处理此类问题的唯一方法。久而久之，孩子在与同伴交往中和集体生活中，其焦虑和恐惧情绪也会越来越强烈，有的孩子可能会因此而拒绝去幼儿园或上学。

这种性格的父母往往外表温和，内心却非常容易焦虑、恐惧，他们虽然能将孩子生活中的方方面面都照顾得非常精细，但在指导孩子的人际关系方面却表现出退缩，使得孩子在与同伴交往中常会感到不知所措。

案例

小什卡，男孩，四年级。从幼儿园起，他就一直断断续续地表现出抽动的症状，有时是挤眉、挤鼻子，有时是

第3章 每个问题孩子身上都有父母焦虑的痕迹

咧嘴、歪脖,有时还甩胳膊、踢腿。这些动作有时出现、有时消失,而且抽动的部位也经常变来变去。母亲为此带着他就诊多年,一直没有彻底治愈。

最近,小什卡在回家后总是莫名其妙地和母亲发脾气,显得很烦躁。写作业时,经常写着写着就开始抱怨铅笔不好用、橡皮不好用、尺子是歪的、衣服不舒服、灯光太亮了……为此,母亲为他更换学习用具,帮他换衣服、换灯泡,尽量满足他的每个要求。

由于小什卡的父亲工作忙,很少陪伴孩子,因此母亲全职在家里照顾他。母亲对他的照顾可谓无微不至,母子关系也非常好,小什卡有什么话都只愿意和母亲说,不愿意和父亲说,因为父亲无论遇到什么事情都总是让小什卡先从自己身上找问题,不要从外部找原因。如果小什卡在学校与同学发生了矛盾,母亲就会担心他与同学之间的关系,她常会这样说:"那怎么办呀?你赶紧给同学道个歉吧,要不他们以后该不和你玩了!"她还经常劝小什卡"吃亏是福""退一步海阔天空""你多忍一忍吧""不要和同学争抢"等。

以前小什卡听母亲说这些会觉得很有道理,他也是这么做的,同学可以随便拿他的东西不还,他也不敢向同学要回来,心想算了,就算送给同学了;午餐分发酸奶,分到他时就被其他同学抢走了,那个同学还哈哈大笑,说小什卡不喜欢喝酸奶,可实际上那个酸奶正是他最喜欢的口味。尽管小什卡很生气,但是他还是硬挤出一脸的假笑,说"反正我也不喜欢喝那个酸奶",结果大家哈哈大笑,那个抢他酸奶的同学笑得最开心,还说"你们看,我说对了吧"。小什卡真恨不得能找个地缝钻进去。

这样的事情如果发生在一二年级,他可能会觉得没什么,可是现在不知为什么,他感到非常难受。他回家和母亲说了这件事,还委屈地大哭了起来。母亲着急地说:"这点小事你还往心里去啊!那个酸奶咱们不要了,我再给你买,你可别因为这件事影响和同学的关系啊!"小什卡知道母亲是为自己好,可是不知为什么,越听越心烦,越听心里越难受,抽动的动作一晚上都没消停,写作业时注意力也不集中,心里很乱也很烦,他只好使劲抠自己的手以让自己专心写作业,但根本不管用。

看到小什卡的样子,母亲很着急,担心孩子在学校受委屈,更担心孩子的抽动症变得严重了,于是她在陪孩子写作业时不停地劝孩子:"你没事吧?""同学间的一点小事算什么啊!""你是个男子汉,怎么这么小心眼啊!""那个同学不就是没让你喝酸奶吗,我明天去给你多买点酸奶和零食,你再把这些酸奶和零食带到学校,和同学们分享,

第 3 章　每个问题孩子身上都有父母焦虑的痕迹

他们就愿意和你玩了。"母亲越劝,小什卡抽动得越厉害。后来,母亲又给小什卡拿来了中药,让他喝下去,说这回开的中药特别管用,喝了之后就不抽动了,也会变得开心了。可是,小什卡根本不想喝这些苦汤药,他觉得根本没什么用,可是面对母亲苦口婆心的劝说,他只好无奈地喝下去。

母亲对小什卡的照顾很细致,给孩子讲的道理也非常多,既害怕他与同学发生矛盾,又担心他在学校里被欺负、受委屈。在听到孩子说与同学发生矛盾时,换作其他父母,可能觉得这是发生在小孩子之间的小矛盾,很正常,但小什卡的母亲则会想得很长远,认为这很糟糕。小什卡在情感上非常依赖母亲,可是母亲每天无微不至的照顾、从早到晚的焦虑和频繁的叮嘱又让他透不过气来。

小什卡的母亲在有孩子之前曾在一家公司上班,她每天工作认真,总是担心自己出错,还担心自己说的话会让同事不愉快。本来性格就比较内向的她,在公司里除了默默地做自己的工作,很少说多余的话,与同事们保持一定距离,且同事们请求她帮忙时她都会有求必应,可有时她连自己的工作都做不完,只能加班加点地干活。尽管如此,她还是会经常带一些吃的喝的分给同事们,她认为这样一来,即使自己做错了什么,同事们也不会生她的气。可是

101

战胜代际焦虑：父母越平和，孩子身心越健康

工作了两三年后，她发现无论自己如何努力地维护与别人的关系，同事们还是不喜欢她，尽管并没有真的发生什么不愉快的事，但她总是处于这种惶恐、担忧之中，渐渐地，睡眠也不好了。在怀了小什卡之后，她就辞职回家安心养胎，心情慢慢放松下来。

小什卡出生后，她又每天围着孩子转，生怕因自己没照顾好而让孩子受苦。可是，越是细心照料，孩子却越容易生病。在小什卡上幼儿园后，她每天都叮嘱他不要和小朋友发生冲突，要多忍让别人。有时候，小什卡被小朋友欺负了回家向母亲哭诉，她则劝他不要找别人的错，还坚持要带他去小朋友家给对方道歉、送礼物，希望对方能多和小什卡一起玩。随着年龄的增长，小什卡越发觉得委屈、难过。自从患了抽动症后，他时常说不想去学校，但每次都被母亲唠唠叨叨地劝到了学校。自从上四年级之后，小什卡更是经常不开心，抽动的症状也时好时坏，母亲很着急。

小什卡被父母带来疏导情绪。母亲对孩子的状态感到很焦虑，父亲则说妻子对孩子管得太多了，导致孩子太娇气，遇到什么事只知道埋怨别人，回家后哭哭啼啼的，像什么样子。从他的语气和表情中，可见他对妻子感到强烈不满。

第 3 章 每个问题孩子身上都有父母焦虑的痕迹

小什卡的母亲泪流不止,她为孩子的成长投入了全部的精力,却不仅得不到丈夫的理解,还让孩子变成这样,她又委屈又着急,但也只能默默地流泪。

讨好忍让的背后,是对人际交往的焦虑

小什卡的母亲做了失控感测试,得分为 15 分。尽管她从来不打骂孩子,但是每当孩子在交友方面遇到一些困难,或是在生活中没按她的意思去做,她就会温和而持续地一直劝说孩子,没有大喊大叫,只有一点——孩子得按照她的意思去做,否则她就会非常焦虑不安,一直劝下去。

可见,尽管小什卡的母亲性格内向,不太善于人际交往,但是在她的内心有着强烈的不安,就是对人际关系的不自信,怕自己不恰当的言行给身边的人带来不好的影响。在焦虑感产生的人际恐惧自测中,小什卡的母亲得分为 10 分,包括"害怕人际关系破裂"在内的多个项目的得分都是 2 分(即明显)。可见,小什卡的母亲在人际交往方面的焦虑感很强烈,她也会把自身的这种焦虑投射在孩子身上,因此她以自己的焦虑恐惧为出发点,想当然地认为她也要好好地保护孩子的人际关系,以免孩子在人际交往中遇到太多的困难。

小什卡的母亲维护人际关系的方法也是带着强烈的焦虑感的，即让小什卡用过度讨好、过度忍让的方式与同学维持关系，结果久而久之，孩子在与同学交往的过程中逐渐迷失了自己，做什么都是为了让别人高兴，自己的需求、愿望则显得不重要。母亲也会告诉他，这么做是正确的，因为只有这样做，别人才会和他玩，才不会反感他。这样一来，小什卡在与同伴的交往中不敢表达自己的真实愿望和感受，不敢为自己争取和争辩，即使同学取笑他，他也会压抑自己。

这样的处理同伴关系的方式，使小什卡早早地就变成了一个"老好人"，越是怕失去，就越容易失去，同学们把小什卡的感受当空气，因为连他自己都不在乎，别人以为他就喜欢这样。孩子在学校里如此，在家里也是如此，他的意愿全都被父母的意愿代替了——母亲用温和且坚持不懈的劝说让孩子听她的话，父亲则以他总是抱怨别人却不从自己身上找缺点为由压抑了他的表达。

从母亲的角度来说，她用非常温和的方式牢牢地控制住了孩子的表达和行为，尽管小什卡最终被母亲说服，且按照她的想法去做，但是她心中的焦虑感和对失控的恐惧感仍然非常强烈。因此，她要时时叮嘱孩子，以防他没按她的要求做。

小什卡的母亲的这种过度焦虑、过度控制的教育方式，使得孩子的心理状态越来越差，但是她并没有觉察到自己的教育方式不妥当。她原本以为这样教育可以保护孩子免受一些矛盾争端之苦，但童年的这些矛盾冲突正是孩子在成长中所需要的，且需要父母帮助他去直面解决而不是处处逃避。目前，小什卡所遇到的人际交往的痛苦与母亲所遇到的困难是一样的。

看到小什卡的状况，他的母亲感到很困惑：是我做错了吗？其实，小什卡的母亲希望孩子好，希望孩子有很多好朋友、不要被孤立，希望自己曾经的经历不要在孩子身上重演，这可以理解。她只是不了解，孩子在与同伴交往中应保持独立的人格，否则孩子就会变得焦虑不安、自卑。

如何帮助孩子建立正确的同伴关系

父母都希望自己的孩子能够很好地融入集体生活中，孩子在这个集体中能与他人建立友谊，不会感到孤独；当有困难时，朋友能为他提供帮助，当别人有困难时，孩子也能伸出援手；在集体中，孩子不会被孤立，不会被欺凌，能够得到老师和同学的认可……培养良好的同伴交往能力对于孩子融入集体、在集体中获得归属感是十分重要的。

要帮助孩子建立正确的同伴关系，父母首先要知道，孩子在同伴交往中要保持独立，即孩子在人际交往中要有自己的思想、知道自己想要什么、不想要什么、能够接纳什么、需要拒绝什么，不用讨好的方式去获得友谊，需要学会用适当的方式去帮助同学和老师。

父母要如何帮助孩子培养上述能力呢？

最关键的一点是，在与孩子互动时，父母应允许孩子畅所欲言，对孩子的想法表示理解，并对其合理想法予以支持，而不是只顾着把自己的想法滔滔不绝地讲给孩子听。这样一来，孩子在与同伴交往的过程中也能有信心去表达自己的想法，而不是人云亦云，或是看着别人的脸色、根据他人的喜好说一些迎合而违心的话。也许有的父母会说，现实是残酷的，不会允许谁想说什么就说什么。然而，对于孩子来说，能够向同学表达自己的想法是一项非常重要的技能，能够增进孩子之间的相互理解。当然，这里所说的"表达自己的想法"并不包括对别人有伤害的、嘲讽的、谩骂指责的、贴标签等话语。

孩子在与同伴交往中，具有一定的自信心是非常重要的。获得友谊的方式不见得要一味地拿自己的东西去讨好别人，也不意味着什么都不能拒绝，只能全盘接受。

小什卡的母亲对友谊存在着这样的误解：认为要想获得友谊和别人的信任，就不得不给别人送东西讨好，却忽略了获得友谊的其他因素。例如，共同的爱好话题能够拉近孩子之间的距离，因此培养孩子广泛的业余爱好也是帮助孩子获得友谊的

第 3 章　每个问题孩子身上都有父母焦虑的痕迹

途径之一。例如,如果一个孩子只知道学习、只忙着上补习班,他的业余兴趣爱好可能会非常少,当同学们都在聊各种游戏、篮球、足球、体育明星等内容时他却一无所知,那么在与同学们聊天时就会不知如何融入。

如果有同学忘记带某种文具,那么自己借给这位同学,可以拉近与同学之间的关系。然而,如果是为了讨好而不断地给同学送东西,对方就会感觉莫名其妙,反而会拉开与同学之间的距离。

小什卡的母亲不懂得拒绝,她也没教给孩子如何拒绝别人的不合理要求,而更多的是要求孩子多谦让。因此,当孩子在与同学们相处时,他往往也很难有勇气去拒绝。那么,小什卡的母亲可以如何做呢?

比如,如果小什卡回家后和母亲说同学抢他零食,那么母亲可以鼓励他表达出自己的想法和要求,拒绝同学任意抢夺他的食物。也许在一开始表达拒绝时,小什卡会感到心慌、难以说出口,也害怕同学以后不喜欢和他玩了,但是随着他渐渐变得更勇敢,他会发现,同学并不会因为他的拒绝而不和他玩了。

在与同伴交往中,孩子需要具备独立自主的心态,且随着孩子年龄的增长,这种需要会变得更加强烈。尤其是孩子到了10岁左右(步入青春期的前两年左右),孩子会逐渐关注自己在同学心中的形象，以及他们自己内心的感受。此时，父母应更加重视孩子在同伴交往过程中的情绪变化和遇到的矛盾，理解孩子的情绪，帮助孩子寻找一些积极的解决办法，而不是选择用过度讨好、否认自己的想法、忽视自己的需求来逃避。

如何帮助孩子去面对呢？接下来，我们以小什卡和父母的互动来说明。

理解孩子的抱怨

父母往往容易担心孩子会养成事事怨天尤人的不良的为人处世习惯，希望孩子能从自己身上找问题。父母的这种期望不无道理，但是这样高的期望和处世哲学孩子只有到了成年、有了一定的人生阅历之后才能理解。如果孩子尚且年幼，那么他更需要的是父母对其情绪的理解和支持。因此，当孩子抱怨学校的事情、和同学之间的矛盾时，父母应倾听孩子的诉说，与孩子共情，对孩子的抱怨表示理解。父母可以说"这件事听起来的确很让人生气""我理解你当时为什么那么难受等"，先不要着急给孩子建议，告诉他应该如何去做，而应与孩子一起商量，要是再遇到这种情况可以采取什么方法。此时，父母可以提出自己的建议，由孩子来决定是否采纳。也许孩子不愿意采用父母的建议，而要用自己的方法去解决，那么只要是不会对别人和自己造成伤害的做法，就不妨让孩子去试试，试过后再和孩子讨论这个方法效果如何。在与孩子讨论时，父母一定要避免一言堂，尤其是焦虑水平比较高的家长，很容易一股脑地自顾自地表达自己的想法，而忽略了孩子的表达。

当孩子与同学发生矛盾时，父母不要急着定是非

当孩子和同学发生矛盾时，父母不要急着定是非，不仅不要急着认定是自己孩子的错误，也不要急着去判别这件事的对错，而应先去了解事情的经过，鼓励孩子在这个过程中将自己当时没有表达出来的想法说出来。

以同学抢小什卡的酸奶一事为例。尽管小什卡当时和同学说"反正我也不喜欢喝那个酸奶"，但他心里真实的想法是想要那个酸奶，并希望同学把酸奶还给他，但他由于惯性思维而没有把这个想法表达出来。在与孩子讨论这件事情时，母亲应忍住，不说出自己的想法，先让孩子把自己真实的想法表达出来。孩子在向父母表达自己真实的想法时，有时会带着愤怒，尤其是像小什卡这样长期压抑的孩子，很容易情绪激动。此时父母不要担心，只需在孩子的身边陪伴他并安抚他的心情即可，不要说孩子应该怎么做。等孩子平静之后，父母再与孩子讨论是否可以去找那个抢他酸奶的同学心平气和地聊一聊，告诉那个同学，那天他抢走自己的酸奶的行为是不对的，因为酸奶是发给自己的，而且也是自己喜欢的，当酸奶被抢走时自己很生气，

希望这个同学以后不要再这么做了。尽管不确定这个同学以后是否会改，但是如果孩子能坚定而平静地把自己的想法告诉那个同学，那么孩子自己的情绪就不会那么压抑了。

鼓励孩子用其他方式与同学建立友谊

父母可以鼓励孩子用其他方式而不是通过一味地给同学送东西去讨好他们，与他们建立友谊。当然，也不要否认孩子经常给同学送东西来获得同学好感的做法，父母可以试着问问孩子是否有时并非心甘情愿这么做。如果孩子主动给同学送东西但又得不到对方的积极反馈，孩子就会感到非常失落和难过，那么此时就可以与孩子探讨对方没有积极反馈的原因是什么——可能是由于这个同学现在还不需要这个东西，而不是孩子做得不好；也可能是这个同学并不喜欢这种方式。

父母应鼓励孩子思考可以用什么其他的方式与同学交流，例如，当同学需要他帮忙时他正好有时间又可以做到，就可以伸出援手；和同学聊聊共同感兴趣的话题等。

父母也可以和孩子讨论，如果同学不高兴，那么可能会是什么原因？比如，他可能是因为自己在学习上遇到了不开心的事情，也可能是他被老师批评了，还可能是在家里被父母批评了，等等。这样能让孩子理解，别人不开心其实和他的关系不大，甚至可能完全没关系。

第 3 章　每个问题孩子身上都有父母焦虑的痕迹

不要追着孩子问

如果孩子回到家里不和父母说学校的事情，那么父母尽量不要追着孩子反复地问，否则孩子会更加抗拒和父母讲。如果孩子不说，那么父母可以先帮孩子宽宽心，告诉他，如果他什么时候想说了，就可以随时和父母沟通，父母很愿意听他说，还可以和他一起想办法。

父母如何减少对孩子与同伴交往过程中的过度担忧

根据我的工作经验，父母对孩子与同伴交往的担忧主要包含以下几个方面：

- 担心孩子的行为和语言不妥而惹别人生气；
- 担心孩子没有朋友；
- 担心孩子被别人欺负；
- 担心孩子因处理不好矛盾而被孤立；
- 担心孩子因学习成绩不好而没有同学愿意和他交往。

在上述担忧中，有的是孩子的实际情况，例如，有的孩子行为冲动，在学校里容易招惹同学，就很有可能会惹同学不高兴。在这种情况下，父母应鼓励孩子一点点地控制住自己招惹他人的行为，如果孩子做到了，就要给予口头的认可和鼓励，如"你很努力地做到了控制住自己，非常好"。这样一来，在父母的积极期待中，孩子会表现得越来越好。如果孩子在这个过程中有几次没控制住又招惹了同学，那么父母也不要表现出或表达出对孩子的失望，而应鼓励孩子继续努力控制自己不去动别人的东西或是招惹别人。

有的孩子性格内向，不善于主动去交朋友，这样父母就会担心孩子在学校里交不到朋友。如果孩子在学校里的确没什么朋友，那么父母不要着急催着孩子去交朋友，可以试着在周末时约一个性格差不多的孩子一起玩，为孩子创造与朋友共同玩耍的机会；也可以试着鼓励孩子在学校里接近周围（如前后桌）的同学，比如看看他们在下课时玩什么。

有的孩子比较胆小，在集体中即使被欺负了也不敢反抗。这样，父母就需要教孩子一些方法来应对别人的欺负。例如，如果同学对孩子进行人身攻击，要是孩子不敢还击，就要事先教孩子一些简单的应对方法，如大声呼喊求助、大声呵斥制止对方、用胳膊等保护好自己的头部、向老师报告对方的欺负行为等。

chapter 04

第 4 章

孩子很焦虑，你该怎么办

第4章　孩子很焦虑，你该怎么办

焦虑和恐惧的情绪是人与生俱来的，也是生存所必需的。之所以会有"初生牛犊不怕虎"，是因为牛犊尚不知道虎的危险，脑中还没有形成相关的概念。一旦小牛犊在大牛的保护下见识到了虎的凶猛和危险，那么它在再次见到虎时，第一反应一定是立刻逃跑。

孩子从出生时的混沌状态到慢慢长大，他会逐渐感受各种情绪，有时是开心的情绪，有时是不开心的情绪。在孩子体验到的不开心的情绪中，有很大的成分是焦虑不安的情绪，这种情绪会让孩子体验到不舒服、不愉快，甚至是痛苦。在孩子年幼时，他们焦虑的情绪往往以哭闹体现出来。随着孩子的成长，他们哭闹得越来越少，但令其焦虑甚至恐惧的事情可能越来越多，因此这些情绪只会被压抑得越来越深。

然而，由于孩子的焦虑情绪往往都不强烈，而且受他们的年龄所限，他们对情绪的识别和表达能力也较弱，无法用语言明确地表达出自己担心、焦虑的来源，尤其是当焦虑情绪是源于比较弥散的、没有明确诱因的事件时,更难以察觉和表达,因此要识别孩子的焦虑情绪对于很多父母来说都非常困难。而且,就算有的父母识别出了孩子的焦虑,他们也会先变得焦虑起来,更不知道该如何帮助孩子调控情绪。正因如此,孩子(尤其是青少年)才会常这样说:"有些事情我不和父母说,他们不知道;但就算说了,他们也不懂。"

如果父母能识别孩子的焦虑情绪,并能适当地调控好自己的情绪,缓解自己紧张焦虑的情绪,使自己的情绪维持在一个相对平静的水平,那么这不仅有助于孩子缓解焦虑情绪,还有利于提高孩子情绪调控的能力。

本章将讲解孩子的焦虑情绪,以及父母应如何帮孩子缓解焦虑情绪。

孩子的焦虑表现各异

孩子焦虑情绪的表现,以及父母的应对原则

每个孩子焦虑情绪的表现都会有所不同,引起孩子焦虑的事物也是不同的。以下列出了孩子焦虑情绪的表现,以及父母的应对原则。

第4章 孩子很焦虑，你该怎么办

精神上泛泛的无明确诱因的焦虑

精神上的焦虑是一种紧张、不安、惶恐、不放松、犹如大祸临头、危险即将来临的情绪感受。这种情绪对于孩子来说是一种不愉快的体验，孩子会有以下表现：

- 胆小怕黑；
- 容易哭闹、哼唧；
- 害怕很多常见的事物，如虫子、毛绒玩具、打雷声、高处等；
- 容易受到惊吓；
- 容易崩溃大哭、倒地打滚；
- 容易发脾气、烦躁；
- 容易害羞退缩。

父母的应对原则：面对孩子的焦虑感，否定孩子的焦虑、指责孩子胆小懦弱都是不对的。父母应接纳孩子的焦虑感，因为这种体验是孩子自己无法控制的，是自然而然产生的，不是孩子故意装出来的。尤其对于年幼的孩子，有些精神焦虑的表现是这个年龄必然会出现的。

躯体行为的焦虑

焦虑的情绪会引发身体和行为上的表现。孩子身体上各种不适难受的体验往往比成年人更多、更明显。而在行为上，焦虑情绪会让有的行为控制发展得不太好的孩子的行为更加活跃、难以自控，有的孩子还会因焦虑而产生强迫行为。以下为常见的表现：

- 坐不住，小动作不断；
- 经常莫名感到身体不适，如头痛、恶心、呕吐、腹痛等；
- 经常吮吸手指、啃指甲、反复咬衣物、抓自己、拔头发等；
- 到了学龄之后，仍会在晚上睡觉时频繁尿床；
- 反复问问题以求确认；
- 反复检查，反复洗手；
- 不愿意结识新朋友；
- 不愿睡觉，入睡困难，睡梦中容易惊醒。

父母应对原则：当孩子在躯体和行为上有焦虑表现时，父母应关心和帮助孩子，之后带着孩子做一些开心的事情，以转移孩子的注意力，并让孩子心情放松，暂时减少会引起孩子产生心理压力的学业任务。

第 4 章　孩子很焦虑，你该怎么办

分离焦虑

分离焦虑往往发生在幼儿身上，他们易于焦虑不安，离开父母一会儿就会紧张不安。有的幼儿在早期会不那么频繁地产生分离焦虑情绪，这属于正常现象，他们通常适应一段时间后就能得到缓解；有的幼儿则会频繁产生分离焦虑，且持续时间长；有的学龄儿童在心理压力较大时也会产生分离焦虑，甚至会出现退行行为。以下为常见的表现：

- 离开父母（尤其是母亲）就哭闹不止；
- 在幼儿园里经常想母亲；
- 不愿意离开家；
- 自己熟悉的物品一刻都不离身。

父母应对原则：当孩子产生分离焦虑时，父母应先安抚孩子的情绪，然后鼓励孩子等待，转移孩子的注意力；父母在平时要多给予孩子一些认可，也要理解孩子和母亲分开的心情，认可孩子能够克服焦虑坚持在幼儿园上课，还可以给孩子一些小奖励，如带他去他最喜欢的游乐园。

上学 / 入园焦虑

上学 / 入园是孩子必要的学习活动，对于大多数孩子来说这

是很正常的事情。在刚上学/入园时，很多孩子都会有一些不适应，对新环境和新集体比较紧张，但是绝大多数孩子都能在一段时间内基本适应学校的生活。然而，有的孩子适应新环境的时间比较长，上学/入园就会给他们带来非常大的压力，他们在上学/入园前会产生较严重的焦虑情绪；有的孩子在遇到较大压力时也会产生上学/入园焦虑。以下为常见的表现：

- 早上赖着不起床；
- 起床时表现出烦躁、生气；
- 上学/入园前拖拖拉拉，经常迟到；
- 上学/入园前抗拒出家门；
- 在上学/入园路上哭哭啼啼；
- 在学校/幼儿园门口哭闹或者抗拒进校门/幼儿园门；
- 进学校/幼儿园后抗拒进班级。

父母应对原则：如果孩子抗拒上学/入园的情绪过于激烈，且经过多次劝说后仍不能入校/入园，就要暂缓孩子入校/入园。如果孩子的焦虑情绪过于严重，就要及时选择专业的心理疏导。父母还要多带孩子进行户外活动，减少学业上的催促和压力。

考试焦虑

尽管考试焦虑往往出现在初中以上的孩子身上，但有的孩子从上小学起就表现出对考试的过度焦虑，其考试状态也会受到影响。以下为常见的表现：

- 备考期间容易发脾气或是哭闹；
- 考试之前睡不着觉；
- 考试之前难以集中注意力；
- 考试之前容易生病；
- 考试之前反复问父母"要是我考不好可怎么办"；
- 反复检查考试相关材料；
- 考试之前或考试时紧张得发抖；
- 考试时经常发挥失常，会突然紧张得不会做题。

父母应对原则：如果孩子考试之前的情绪比较紧张，总担心自己考不好，那么可以多给孩子讲一些开心的事，帮助孩子将注意力从对考试结果的关注转移到开心的事情上。父母可以安慰孩子先不要想考试的结果，只要专心考试就行。父母千万不要和孩子说"你就算考最后一名也没关系"，这样只会让孩子更加焦虑和失望，认为父母对他没有信心。

写作业的焦虑

孩子上学之后，写作业就成了一项重要的学习内容。然而，出于各种原因，孩子写作业时的状态各不相同。有些孩子一提

战胜代际焦虑：父母越平和，孩子身心越健康

起写作业就感到非常焦虑，这样他们在写作业时会做出很多焦虑行为，但是在父母看来孩子是在偷懒、逃避写作业，却看不到孩子内心的焦虑和心理上遇到的困难。以下为常见的表现：

- 写作业的时间不断往后拖延；
- 写作业时需要父母的陪伴，否则无法写作业；
- 写作业时一遇到难题就会情绪不好；
- 写作业的时间过长；
- 写作业时反复擦除修改；
- 如果写不完作业，就会情绪崩溃甚至拒绝上学。

父母应对原则：父母要鼓励孩子自己决定写作业的时间，如果孩子能按时甚至提前一点写作业，父母就要及时认可孩子。关于孩子写作业这件事，父母要多认可孩子做得好的地方，而不要只是盯着孩子做得不好的地方。这样一来，孩子对写作业的信心会增加，焦虑会下降。

手机戒断的焦虑

随着智能手机的不断发展和手机游戏的层出不穷，很多孩子在不知不觉中陷入了离不开手机、手游成瘾的状态中。一旦离开手机，孩子就会感到焦虑。以下为常见的表现：

第 4 章　孩子很焦虑，你该怎么办

- 每天回家手机不离手；
- 一旦手机被父母收走，就会情绪激动；
- 一旦离开手机，就感到心慌；
- 如果不玩手机，就会感到失落、迷茫；
- 上学时仍然只想着玩手机。

父母应对原则：父母应耐心地和孩子商量手机使用的时间，无论孩子能否完全按照约定的时间玩手机，只要他在最后能放下手机，父母就要认可孩子的努力。

学校相关的焦虑

尽管学校是孩子再熟悉不过的地方，但是学校仍能给孩子带来各种各样的压力，有的压力程度轻微，有的压力严重，甚至会导致孩子不敢上学。每个孩子对压力的感受程度都是不一样的，这不仅与孩子自身的心理承受能力有关，还与孩子在日常产生轻度焦虑情绪时能否被有效疏导有关。以下为常见的表现：

- 因害怕被老师批评而非常紧张；
- 上课时害怕被提问；
- 一回答问题就非常紧张；
- 上课时经常走神；

战胜代际焦虑：父母越平和，孩子身心越健康

- 不敢上台演讲；
- 因害怕被批评而不敢上学。

父母应对原则：孩子在学校里可能会因遇到各种压力事件而引发焦虑，父母要帮助孩子及时疏导情绪，从而让孩子在学校的学习和生活更加顺利、愉快。因此，父母应多和孩子聊天，了解孩子在学校的情况，如果孩子遇到了有压力的事情，那么父母应与孩子一起探讨解决办法。如果孩子不愿说学校里的事情，那么父母也不要刨根问底，等到孩子想说时再去耐心倾听和共情。

孩子的焦虑从何而来

常有父母不解地问我："孩子小小年纪的，怎么会有这么多的焦虑情绪呢？童年能有什么压力啊，而且孩子整天无忧无虑的，他们的焦虑是怎么来的呢？"其实，尽管焦虑情绪是每个人（无论是成年人还是孩子）都会有的，但因每个人先天的个性特质不同，每个人生活的家庭环境不同，每个人遇到的学习、生活的压力和事件也不同，所以每个人的焦虑水平都存在着差异。我们将从以下两个方面来分析焦虑情绪的来源。

先天的个性特质

有的孩子出生时就属于"难养型"——容易哭闹，做什么事都不安心，这是其先天的个性特质决定的。有的孩子从小身体虚弱，容易生病，需要的照顾较多，这也会让孩子容易产生焦虑。

个性特质容易焦虑的孩子从很小的时候起就会表现得比其他孩子更容易感受到压力，他们更容易哭闹，分离焦虑明显，遇到一点点压力就会产生较大的情绪波动。父母和其他养育者也能明显感受到孩子的焦虑。

后天的养育环境

如果父母无法缓解焦虑情绪，就会在教育孩子以及与孩子的互动中，通过不断唠叨催促或严苛挑剔等方式将自己的焦虑情绪传递给孩子，让孩子越发感到焦虑。

如何帮助孩子调控焦虑情绪

如果孩子容易焦虑，父母就很容易担心孩子在长大后成为一个内心脆弱的人。不过，孩子的焦虑水平并不一定能决定孩子的未来，要是不想让焦虑给孩子带来过多的负面影响，父母就要培养孩子调节焦虑和其他负面情绪的能力。

焦虑情绪具有两面性：一方面，适度的焦虑有积极作用，可以帮助孩子在有压力的时候专心做事；另一方面，焦虑过度会产生消极作用。因此，培养孩子的情绪调控能力就是帮助孩子及时疏导日常生活中的焦虑情绪，以免让焦虑情绪堆积。

步骤1：识别孩子的焦虑表现

父母需识别出孩子的焦虑表现，并采取恰当的方式帮助孩子及时疏导焦虑情绪。

例如，一个孩子有考试焦虑，就会表现为：越是临近考试，就越容易发脾气。在发现了孩子的这个行为规律后，父母会在大考前带着孩子去户外活动，让孩子释放焦虑和压抑，且对于孩子写作业情况的监督也比平时放松了一些。经过这样的考前情绪调整和准备，孩子的考试焦虑也会有所好转，情绪平稳多了。

相反，如果这个孩子的父母没有及时发现孩子的考前焦虑问题，且越是临近考试就越严格要求孩子学习，让孩子把本应去户外玩耍的时间都用来复习功课，那么孩子自身的考试焦虑加上被父母强制学习而产生的压抑无处释放，只会导致其焦虑情绪越来越严重，影响考试成绩。

孩子在感到焦虑时，往往会通过一些明显或不明显的方式向父母求助，希望父母帮助他走出困境。例如，有的孩子会频繁地咬指甲，可能是因为父母最近一段时间对孩子的要求限制过多、理解过少。因此，他这么做其实是在向父母发送求助信号，希望父母能够理解他的压力，给他更多的自由和支持。然而，父母在看到孩子咬指甲时往往会以为这是一种不良习惯并加以阻止，这样其实会加重孩子的焦虑。

步骤2：接纳孩子的焦虑情绪

在识别出孩子有焦虑情绪后，父母应接纳孩子的焦虑情绪。

对此，有的父母会担心："孩子这么胆小、这么怕困难，我接纳他的情绪是否对他更娇生惯养了？要是我不往前推他一把，他以后遇到困难不就更容易逃避了吗？"

父母有这样的担心不无道理，孩子的确需要父母鼓励并推动着前进。不过，父母需要根据孩子焦虑的程度和所能承受的程度来决定在什么时候、以多大力度向前推孩子。如果时机不对、力量过猛，就相当于给孩子施加了他无法承受的压力，只会让他更加焦虑和恐惧。

此外，接纳孩子的焦虑并不是纵容娇惯孩子，也不会让孩子更加懦弱，因为当孩子处于焦虑状态中时，往往没有做好心理准备，因此强行让孩子独自去面对只会让孩子更加不自信，甚至产生强烈的恐惧心理。以下为两个例子。

案例

小A在家里活泼好动、爱说话，但是在外面就会很害羞，见到陌生人和在陌生的环境会非常紧张、不敢说话。父母为了锻炼小A，在外面见到亲戚、朋友、邻居等小A不熟悉的人时，他们都会强迫小A打招呼。如果小A不吭声，他们就会当着对方的面训斥小A，直到他打招呼。久而久之，小A在需要打招呼时会躲起来，或者干脆跑开。因此，父母越来越不敢带着小A去见朋友。后来，小A非常抗拒见任何陌生人，即使父母强制他去见，他也不说话，他说害怕。

* * *

小B非常害怕水，父母感到很不理解，连打带训地把小B往泳池里赶，结果让小B呛了不少水。后来，小B越来越怕水，不仅没学会游泳，还出现了"恐水"的问题。

可见，当孩子的焦虑情绪明显时，父母要接纳孩子的焦虑情绪，这包含两层含义：（1）在情感上，理解孩子在面对一些

第4章 孩子很焦虑，你该怎么办

情景时会产生焦虑紧张甚至恐惧的情绪，这是很正常的；（2）在行动上，尊重孩子暂时不想去面对选择。

看到这里，着急的父母可能会更急了："这样一来，孩子不就更加逃避了吗？他的这项能力以后不就退化了吗？"

其实，在孩子克服焦虑的问题上，接纳孩子焦虑的情绪和行为并非真正意义上的"完全逃避"，而是为了缓解孩子的焦虑恐惧暂时采取的一种帮助孩子的方式。从心理学的角度来讲，这能弱化焦虑恐惧情绪与某些情景之间的联结，从而让孩子觉得这个情景是安全的，之后父母再鼓励孩子、轻轻地推一把孩子，孩子就有能力去面对了。

让我们再回到上述两个案例中。

小A有见陌生人焦虑恐惧的问题，他的父母本应等到他增强信心后再让他去克服打招呼焦虑的难题，但因他们过于急切，不断地催促、强制他与别人打招呼，使他在与陌生人打招呼时焦虑感越来越强烈。从心理学的角度来讲，父母这样做，就是在不断强化孩子的焦虑情绪与打招呼之间的联结。如果父母能减少甚至是停止催促、强迫，就能弱化甚至撤销这种联结，孩子也就能在打招呼的情景中获得安全感。因此，父母应在理解和接纳孩子的焦虑情绪后，为他示范如何自然地与他人打招呼，这样，他就能在不那么焦虑时主动去与人打招呼了。

小 B 怕水，要想让他克服对水的恐惧，就需要一个循序渐进的过程，父母对此也不能急躁，而应耐心地陪伴孩子一点点成长。对于小 B 来说，他需要在父母的陪伴下安全学习游泳。父母可以先陪着他进入儿童泳池内嬉水，待他感觉儿童泳池很熟悉和安全，并且觉得嬉水很有意思后，再让他套上游泳圈或借助浮板去浅水区试试。如果孩子仍然有些紧张，父母就要紧跟在孩子的旁边保护他。等到孩子对这项活动熟悉后，再加上看到其他小朋友能不依赖游泳圈就可以在水中自由地玩耍，他也一定会期待自己能像其他小朋友那样自由地在水里游泳，从而可能会主动要求摘掉游泳圈，学习游泳技能。

其实，要想真正做到接纳孩子的焦虑情绪，父母就要先处理好自己的情绪，尽量不把自己的脆弱和担忧传递给孩子，而是将自己积极、坚强的一面展示给孩子，这样孩子就能慢慢地在潜移默化中习得对抗焦虑情绪的方法。

步骤 3：四周练习法，帮助孩子正确地表达情绪

我在前文介绍过，孩子在幼儿早期或幼儿期时，一旦感到焦虑、恐惧，往往就会以哭闹喊叫、满地打滚等激烈的行为表现出来，难以用语言描述自己的情绪。

孩子在到了学龄期后，如果产生焦虑、恐惧等负面情绪，

就很少再像在幼儿期时那样有强烈的行为反应，更可能会减少自己的表达，或是采用压抑和否认的方式去逃避表达。这样一来，父母就很难觉察孩子的情绪，甚至以为孩子没什么可焦虑的，但孩子则希望即使自己不说出来，父母也能懂他心里的想法和感受。然而，这对很多父母来说是很难的。如果父母不善于表达自己的情绪感受，孩子就可能会持续地使用一些不合理、不适当的方式表达自己的焦虑情绪，也就很可能会因亲子双方立场不同而产生不同的理解，最终造成误解。

因此，父母应帮助孩子练习用语言正确地表达情绪，这项能力是需要慢慢培养的。接下来，我将介绍正确地表达情绪的四周练习法。在介绍该方法之前，先强调两点：

- 用语言正确地表达情绪，所表达的情绪内容不仅包括焦虑、恐惧等负面消极的情绪，还包括开心、快乐等正面积极的情绪；
- 这个练习需要以觉察情绪为基础。

第一周：只表达正面积极的情绪

本周，父母只表达正面积极的情绪。

我在咨询工作中发现，很多父母对积极情绪的关注和体验并不是很高，甚至有的父母在与孩子交流时，所体验到的情绪往往都是负面消极的,因此在面对孩子时也是愁眉苦脸的或带着气不打一处来的表情。如果父母在觉察情绪阶段无法控制对孩子的焦虑,那么可以通过其他事情来练习。

请记住这些关键点:什么时间、遇到了什么事情、当时感受到了什么情绪、是什么想法让自己产生了这样的情绪。举例如下:

- 今天在工作时,有一项工作做得特别顺利,我非常开心;
- 今天的公交车来得特别准时,我有点开心;
- 今天看到孩子在看课外书,我很开心。

父母在本周只与孩子分享自己的正面积极的情绪。需要注意的是,在与孩子表达情绪时,只需单纯地与孩子分享快乐即可,不要对孩子抱有任何期待(如期待孩子也分享自己的情绪、孩子表现得很感兴趣、孩子哈哈大笑、孩子抽动的症状减少等)。如果父母对孩子抱有期待,但孩子并没有什么反馈,那么父母难免会感到失落、失望,孩子也能捕捉到父母的情绪,从而感到有压力。这样一来,父母与孩子分享快乐就变成演戏了,没有真情实感。

第二周:少量加入负面消极的情绪

本周,父母可以继续与孩子分享自己正面积极的情绪,但是可以少量加入负面消极的情绪,如只说一两件不开心的事。当然,这种负面消极的情绪不能与孩子有关,否则会让孩子感到这是一场"批判大会"。此外,分享的负面消极的情绪不要太强烈(负面消极的程度为 2~3 分即可),否则父母在表述时难免显得太激动,这会让孩子感到害怕。举例如下:

- 早上上班时,刚到公交车站就有一辆车开走了,让我很着急,担心会迟到;
- 下午开会时,我不小心把咖啡洒到了同事的本子上,又自责又愧疚;
- 傍晚买菜时,我付过钱后却忘了把菜带走,我为自己的粗心感到很懊恼。

有的父母会觉得,在孩子面前表现出负面消极的情绪是不对的,但其实这会让父母失去表达自己真实情绪的机会,也无法让孩子看到父母是如何应对负面消极的情绪的。

第三周:引导孩子分享情绪

案例

一个患有抽动症的女童,一和她提起生气等负面情绪,她就顾左右而言他，反而表现出很开心的样子。可见，她非常逃避自己的负面情绪，且她在非常明显地掩饰情绪的时候，其抽动症状也会越发明显。后来我才了解到，她的父母不允许孩子表现出生气等情绪，更不愿意她一遇到事情就哭闹，而是要求她每天都要开开心心的。结果，这样的教育让她情绪压抑，也让她对负面消极的情绪的体验和表达感到很恐惧。

我想，这个女童的父母的本意是想让孩子能够管控好自己的情绪，不要遇到事情就哭闹，孩子要开开心心的、充满正能量。然而，毕竟孩子还太小，如果她的情绪得不到表现和表达，就会形成压抑的情绪调控模式，引发很多行为和心理问题。

经过前两周的练习，父母已掌握了分享情绪的方法，并让孩子感到在家里分享情绪是很安全的，因此，本周的任务是要引导孩子分享情绪。

父母可以参考前两周自己分享情绪的方式为孩子做示范，耐心聆听孩子的讲述，并予以共情和理解。此时，父母不要多说什么，更不要评论甚至是批评，只表示"我很乐意听你的分享"就可以了。这样，孩子才愿意继续分享，而且他在分享的过程中，其正面积极的情绪可得到强化，负面消极的情绪能得到缓解。

第四周：朝积极的方向引导孩子

有的父母可能会有这样的担心：如果孩子经常说自己的烦恼，那么烦恼会不会越来越多呢？如果孩子抱怨得太多，那么他会不会变成一个容易抱怨的人呢？

本周，父母就要在孩子表达出自己的负面消极的情绪后，朝积极的方向去引导孩子，共同思考缓解其负面消极情绪的办法。听听音乐、吃点美食、去户外运动，都是很好的办法。此外，父母在这个过程中还应留意家庭的氛围如何，如果氛围比较凝重、压抑，就要让氛围轻松、快乐一些。

步骤4：培养孩子广泛的兴趣爱好，缓解日常焦虑

我在咨询中常会遇到这样的孩子：他们有焦虑等情绪问题，且他们每天需要做的事情就是学习，对其他事情都不感兴趣，因此只能把关注点放在学习成绩上。一旦成绩出现波动，孩子就会非常焦虑，但又没有其他兴趣爱好可以转移注意力。

案例

中学生A，因学习压力大，经常感到头痛、无法集中

注意力、心情烦躁、厌学,每天都只是躺在床上拿着手机刷视频、玩游戏。父母想带他去旅游散心,但是孩子拒绝了,因为他平时除了上学、看小说,对其他事情都不感兴趣——不喜欢运动,也不喜欢交朋友。现在,他辍学在家,连小说都不愿意看了。

* * *

中学生B,平时很喜欢运动,也喜欢音乐,还有几个聊得来的好朋友。在周末或假期,他经常约几个朋友一起打球、游泳。尽管学习压力比较大,但他能在学习之余听听音乐,放松心情。

在培养孩子的兴趣爱好方面,父母常有这样的误区:以为多报几个兴趣班就能培养孩子的"爱好",却发现孩子在参加兴趣班后对之前可能感兴趣的东西变得没兴趣了,而且奔波于多个兴趣班也让父母和孩子身心俱疲。

所谓"兴趣爱好",意味着孩子在做这些事时能全情投入,能够不受限制地自由发挥,能从中感受到非常强烈的成就感。由于孩子在兴趣班所学的内容往往是有评判的、有限制的,因此兴趣班只能用于帮助孩子提升技能,不能指望它培养孩子的兴趣爱好。

第 4 章　孩子很焦虑，你该怎么办

孩子在年幼时，父母可以根据孩子的兴趣让他学习一些技能，但是活动安排不要过多、过密，而要给孩子多留一些自由发挥的空间，让他把自己想象的内容通过音乐、绘画、过家家游戏、手工、搭建、泥塑等活动外化出来，这也是孩子认识世界、认识自我的探索过程。如果孩子的兴趣爱好比较少，生活比较单调，那么他的这种外化自己的精神活动的探索行为就会比较少，焦虑等情绪就无法通过实践得到探索和验证，孩子就可能容易感到焦虑。例如，有的幼儿是由焦虑的父母或老人照料的，他们会因担心孩子的安全而限制孩子的很多行为，经常要求孩子不许这样、不许那样，结果孩子无法进行他所认为的有趣的活动，渐渐变得胆小退缩，什么事情都不敢去尝试。因此，对于孩子尤其是婴幼儿来说，自由探索是非常重要的，父母应为孩子划定一个安全的范围，让孩子在这个范围内自由、不受限制地玩耍。

将兴趣爱好培养成一技之长的过程则较为艰辛，需要父母和孩子共同克服很多困难。如果孩子很喜欢，而且父母在孩子练习的过程中也能耐心陪伴，在孩子泄气时能及时给予心理疏导，那么孩子通过坚持不懈的努力掌握一技之长后，一定能获得成就感和愉悦感。然而，如果练习过程的艰辛超出了孩子的心理承受能力，或是孩子渐渐对这项技能失去了兴趣甚至表现得极度抗拒和反感，父母就应将孩子的心理健康放在首位，减少练习次数或是让孩子暂停练习。

chapter 05

第 5 章
如何避免将你的
焦虑情绪传递给孩子

第 5 章 如何避免将你的焦虑情绪传递给孩子

如果孩子过度焦虑，就会产生不同程度的痛苦和烦恼，通常以逃避、压抑和情绪爆发等方式来应对。这是因为，在有的孩子看来，让他们过度焦虑的事情很可怕，其自然反应就是逃跑；有的孩子会压抑自己强烈的焦虑和愤怒，从而出现一些情绪和行为问题；有的孩子情绪爆发得过于强烈，会出现冲动攻击行为。

孩子的过度焦虑常会通过行为表现出来，导致父母误以为孩子是故意的，或者孩子的品行出了问题。父母常会用打压等方式调教孩子，却忽略了孩子的情绪波动。

本章将阐述几种孩子过度焦虑的情况。

允许孩子表现差一点，让他不压抑

我在门诊和咨询中发现，患有抽动症的孩子越来越多。然而，抽动症患儿的父母往往更关注如何消除孩子的抽动动作，并借助多种方法去帮助孩子治疗,却忽略了孩子内心被压抑的焦虑和无法表达的愤怒情绪,以及孩子被打压的自信心。

父母只有真正意识到孩子的心理健康的重要性,才能从心理上真正帮助孩子,从而缓解和消除孩子的抽动症状。

案例

小 Q 的父母工作忙,他从小就是在姥姥家长大的。姥姥对小 Q 的要求比较多,管教得比较严格,总怕孩子发生危险,限制也比较多。小 Q 从三岁起就出现频繁挤眼睛的症状,吃了些中药后,没过多久症状就消失了。父母没怎么在意,后来他还断断续续出现过频繁挤眼睛、挤鼻子、咧嘴等症状,每次都是服一点中药就缓解了。

上小学之后,父母将小 Q 从姥姥家接回来,亲自照料孩子的生活和学习。母亲是个很容易焦虑的人,她是在小 Q 姥姥的严格管教下成长起来的,那时她总担心自己因做得不好而惹母亲生气,所以她从小就表现得很乖,对自己各方面的要求都高,学习成绩也很优异。长大之后,她仍然对自己的要求较高,学习、工作都很努力,因为她总是担心自己因什么事情做不好而被批评指责,心中总有一种

第 5 章　如何避免将你的焦虑情绪传递给孩子

隐隐的焦虑感缠绕着她。

小 Q 上小学后，母亲心中的焦虑感变得更强烈了，她对孩子的要求就像当年她对自己的要求一样高，甚至比之前对自己的要求还要高很多。小 Q 的母亲听其他父母说，他们给孩子报了各种辅导班，小升初的竞争激烈，别人家的孩子参加了多少竞赛、学了多少种乐器……于是，她也忙不迭地带着小 Q 奔走于各个辅导班、兴趣班。

小 Q 的母亲对小 Q 的学习和起居时间的安排几乎精确到秒，他在放学后就要立刻赶着去上辅导班。下课回家后，他马上就得写作业，且写完后还要给母亲看。母亲对作业的质量要求很高，如果小 Q 写得不好就得重写。写完学校的作业，小 Q 还要赶紧写辅导班留的作业。母亲对小 Q 的睡眠时间也有明确、严格的要求，到时间必须睡觉。因此，小 Q 必须在睡觉时间到来之前又快又好地完成所有的作业。

小 Q 很乖，他会严格执行母亲对他的各种要求，因为母亲说过，这都是为他好，要是不好好学习，长大以后就找不到好工作了。一想到母亲说的这些话，小 Q 就感觉很紧张，害怕要是不听母亲的话就会有不好的事情发生。

一年级下学期时，小 Q 再次出现了挤眼睛、挤鼻子等抽动症状。母亲给他服了之前服过的中药，但是不仅没有缓解症状，反而让症状加重了，他还经常发出"咳咳咳"的清嗓子的声音。看到小Q这样，母亲很着急，呵斥他不要乱做小动作，控制住自己。没想到，小Q的抽动症状更加严重了。后来，母亲带他去了医院，医生给他开了一些西药，并辅助针灸和按摩，终于有所好转。

上了三年级后，小Q的作业多了起来，每天写作业都要写到很晚。他的抽动症状又加重了，挤眼睛和清嗓子等症状交替出现。四年级时，他的抽动症状又改为甩脖子、甩胳膊等，"咳咳咳"的清嗓子声变成了"吭吭吭"的声音。尽管小Q每天晚上仍然安安静静地坐在课桌前，但是写作业的效率非常低，因为他在写作业时往往会写了擦，擦了又写。学校的作业经常要写到半夜，他根本无暇顾及辅导班的作业。小Q在上课时很难集中注意力，在接连几次的测验中，成绩明显下滑。

母亲生气地批评了小Q，小Q号啕大哭，而且母亲越是批评他，他就哭得越厉害，还不停地撕扯自己的头发，一直哭到凌晨，哭累了才停止。第二天，小Q"吭吭吭"的声音变得更大、更频繁了，而且时不时地说脏话，还一刻不停地甩头、甩脖子、甩胳膊。母亲严厉地对小Q说，你在学校不能做这些动作，也不能说脏话骂人，因为这些都是坏孩子的行为。

第 5 章　如何避免将你的焦虑情绪传递给孩子

有一天，在小 Q 放学回家后，母亲发现他的胳膊上多了两个伤口，便问他是怎么弄的，是不是被同学欺负了。小 Q 说是他自己抠的。因为他怕自己上课走神，也怕自己说脏话，所以就抠了自己，这样就能控制住自己了。母亲看了很心疼，让小 Q 不要这样伤害自己，还给他上了药。

后来，母亲带小 Q 去医院，医生问他心情怎么样，小 Q 说很好，还说母亲让他好好学习，母亲说得对，要是不好好学习就没有未来……当时，医生向母亲感叹，说这孩子教育得很好，小小年纪就这么懂道理，但母亲听了心里不是滋味。医生给孩子开了药，让孩子按时服药，还建议母亲对孩子管得松一点，不要绷得太紧。

服药几天后，小 Q 的抽动症状缓解了一些，但是他在上课和写作业时总是犯困。为了让自己清醒一些，他又开始抠自己的手臂了。母亲看到后及时给他上了药，但好了一个疤，他又会抠出一个伤口。

母亲看到小 Q 这个样子，又着急又心疼又茫然。着急的是看到班里其他同学都在努力学习，而小 Q 的学习进度会落下很多；心疼的是小 Q 的抽动症反复，且不停地在身上抠出伤口；茫然的是，该用的药用过了，很多治疗都尝试了，孩子仍不见明显好转，不知接下来该怎么办。

战胜代际焦虑：父母越平和，孩子身心越健康

小Q的母亲带着他来到我的门诊，讲述了孩子的病情发展经过。孩子的学习和病情让她感到十分焦虑、急躁，且她在看到孩子出现抽动动作时，也表现出了不耐烦。

在我与小Q交谈时，他不断地去看母亲的脸，似乎是怕母亲不高兴，还与我聊了一些母亲经常和他讲的道理。后来，我与小Q单独谈话。他深深地喘了一口气，但他在谈话时仍显得很紧张。我让他随便画点什么他也不敢画，坚持说自己画得不好。在我的再三鼓励下，他才小心翼翼地在纸上画起来。他用铅笔勾勒线条，刚画几笔就用橡皮擦掉，嘴里还不停地念叨着"完了完了，又没画好"。他这样反复多次后才定稿，然后再一点点地涂色。在画画的过程中，他还去抠胳膊上的伤疤，在我阻止他抠后，他说他的母亲也不让他抠，他刚刚忘了。

和他聊起母亲，他说，母亲这么做都是为他好，他要是不好好学习，将来就找不到好工作了。小Q说这些的时候很认真，但抽动也很强烈。

在讨论情绪的环节，小Q只写了开心的情绪，否认自己有任何负面消极的情绪。他说，当母亲批评他时他也是开心的，因为他觉得母亲批评得对，都是因为他做得不够好，母亲才批评他的；写作业时他也是开心的，还说学生就得写作业；上辅导班时他也是开心的，因为他能与其他

第 5 章　如何避免将你的焦虑情绪传递给孩子

同学一起讨论题，还能学到很多知识……无论我和他讨论什么问题，他都像是按照"标准答案"来回答的，但是他在回答时抽动也非常严重。

尽管小 Q 的回答极为符合成年人期望的标准，但是这些"标准答案"从这个四年级孩子的口中说出来，又让人感到有说不出的心酸。在这个本应是"童言无忌"的年纪，他却说着掩饰性和压抑性很强的话，内心有说不出的焦虑感，却又不得不伪装。

解析

是什么导致小 Q 这样呢？

从孩子隐藏的焦虑中，映射出了父母的焦虑心情。尽管其中也包括小 Q 姥姥在照料他的过程中传递出来的焦虑，但更多的焦虑来自母亲的高要求。

在小 Q 小时候，姥姥自身就比较焦虑，因此她在照顾小 Q 时总担心孩子会发生危险，从而总是限制孩子的活动，让小 Q 也渐渐地觉得周围的环境很危险，变得很胆小，也很乖、很听话。这也意味着，姥姥充满焦虑的说教被孩子全盘吸收了。

小 Q 的母亲也是在高压之下成长起来的，她为了不让自己挨批评、做错事，会主动地做好每一件事。长期严重的焦虑感使她对孩子的要求也非常高，因为她非常担心如果对孩子的要求低了，孩子就可能会做错事，就可能不努力，无法拥有美好的未来。此外，小Q的母亲还很容易接收到周围的人和环境传递出来的焦虑的信息，从而把这些焦虑的情绪通过对孩子的高要求呈现出来。再加上小Q比较胆小、焦虑，对于父母的高要求和对未来感到焦虑的信息自然招架不住。随着小Q的成长，尽管他的自主意识越来越强，但其内心的焦虑感使他不敢表达自己真实的心情、想法、愿望。对于自己做不好的事会感到非常懊恼，甚至是愤怒，导致他在写作业时反复擦写；上课或学习时如果无法专心但又控制不住，他就用抠自己手臂的方式来缓解内心压抑的情绪。由于小Q的心理状况复杂，故产生了抽动和强迫的症状。因此，要想缓解和消除这些症状，除了用药物控制外，更重要的是解开孩子焦虑的心结。

小Q的母亲在成长过程中一直被焦虑推动着前进，没有空停下来去觉察和识别自己的情绪，也无法理性地去判别哪些让她焦虑的事情是应当去做的，哪些是不现实的，而且她所采取的应对措施也是一些过度补偿的行为，往往超出了孩子的心理所能承受的范围。母亲对孩子的高要求，正是她把曾对自己的焦虑、不满，甚至是愤怒情绪投射在了孩子身上。

其实，如果小Q的母亲能觉察到自己的过度焦虑，并能让自己的情绪平稳，就有时间思考自己的这些高标准、严要求会给孩子带来什么影响，也能在平静时思考她的教育方式给孩子带来了什么影响，如果发现孩子状态不好，就能反思自己的教育方式哪里出了问题、哪里需要调整。

因此，如果父母容易焦虑，就要在教育孩子时觉察自己过度焦虑的情绪并及时进行调整，这样才能减少代际焦虑给孩子带来的心理伤害。

孩子出现抽动和强迫症状之后，父母常见的错误做法

在出现抽动症状的孩子中，有的孩子只是简单的抽动，过一段时间后就不再出现了；有的孩子的抽动症状不断反复，如果父母的教育方式不得当，就会加重孩子的抽动症状。

此外，抽动与强迫密切相关，案例中小 Q 反复擦写就是一种强迫行为。有的孩子先出现抽动症状，后来出现强迫症状；有的孩子则是两者同时出现。无论是哪种，孩子都存在着强烈的焦虑。

接下来，我们来看看父母的哪些错误做法会加重孩子的抽动和强迫症状。

加重孩子抽动症状的错误做法

忽视孩子的感受

如果孩子出现了抽动症状,那么父母往往会陷入深深的自责中,觉得都是自己的教育方法不得当才让孩子患病的。然而,这种自责又会让他们变得更加焦虑,四处求医缓解孩子的问题,但是由于他们过于焦虑,因此可能会忽视孩子的感受,所采取的方式方法甚至可能会让孩子的情绪更加压抑。

例如,有的父母会让孩子接受针灸、按摩等物理治疗方式,这很可能会让孩子产生不舒服的感觉。如果孩子对这种治疗方式有抵触情绪但又不能违抗父母的安排,那么他就得忍着,但越是忍着,孩子压抑的情绪就会越明显,从而加重了孩子的抽动症状。

反复提醒孩子要克制住抽动动作

父母在发现孩子有抽动症状后,往往会反复提醒孩子克制自己的小动作。有的孩子在父母提醒后会减少一些,但是过不了多久就会再次出现抽动症状。因为父母在提醒孩子时,孩子会产生压力,并越来越关注自己的抽动症状,觉得自己很特别、很不好,在别人面前很不好意思,结果反而加重了症状。

第 5 章　如何避免将你的焦虑情绪传递给孩子

过度关注孩子的抽动症状

有的父母嘴上能忍住不提醒孩子的抽动症状，但是眼睛总是盯着孩子——在孩子吃饭的时候盯、写作业的时候也盯。孩子会在被父母盯着时抽动症状明显，不被盯着时症状减少。

有抽动症状的孩子往往表达自己情绪、想法和意愿的能力都被压制住了，但是他们对别人的目光非常敏感。当被父母盯着时，他能够敏锐地感受到来自父母的压力，但孩子又无法向父母表达自己的焦虑不安，也不知道自己哪里又做错了，心里可能会不断地猜测。因此，在这种强烈的焦虑不安之中，孩子的抽动症状也会加重。

因此，如果孩子被诊断患有抽动症，那么父母应忽视其抽动表现，即把孩子的抽动症状当成他的习惯，就像呼吸一样平常。

加重孩子强迫症状的错误做法

从高要求降至没要求

有的父母的确意识到了孩子出现强迫症状（如反复擦写）是因为自己对他的高要求造成的，于是就将对孩子的高要求变成了没要求，即对孩子说"写错了也没事""考得不好也没关系"之类的话，以为这样能减少孩子的压力。

战胜代际焦虑：父母越平和，孩子身心越健康

要知道，因父母的高要求而出现强迫症状的孩子，早已将父母的高要求内化为自己的思想和信念，即使父母不要求他，他也会在做事时（尤其是写作业、学习时）不断地严格要求自己，不断地在心里责问自己为什么做不好。因此，如果父母对孩子没有要求，孩子就很可能会从负面解读父母对自己的态度，以为自己让父母失望了，从而变得更焦虑，甚至产生恐慌。

父母应降低对孩子的要求，而不是对孩子没有任何要求。此外，父母还要在孩子做事时，积极寻找孩子做得好的地方，这样孩子就能渐渐变得自信，不那么焦虑了。

强硬的制止和反复催促

父母在看到孩子的焦虑强迫行为（如写作业反复擦写）后，往往会急躁甚至愤怒地制止孩子，催促孩子快点写、别改了，还会说"时间太晚了，得赶紧睡觉了"之类的话。父母强硬的制止和反复催促会增加孩子的焦虑感，让其无法停止强迫行为，写作业的时间也会越来越长。

此时，父母应保持平静的心情和冷静的头脑。如果实在很着急、很生气，不妨暂时离开一会儿，让孩子用他自己的方式写作业。

第 5 章　如何避免将你的焦虑情绪传递给孩子

斥责孩子的自伤行为

有的孩子不仅有抽动症状和强迫症状，还会像案例中的小 Q 那样反复做出自伤行为，且无法控制，在感到焦虑时这种行为会更加严重。

看到孩子的这种行为，父母往往会生气地训斥孩子，甚至是惩罚或打骂孩子。孩子很可能会因为惧怕而暂时停止这种行为，但是稍后等父母不注意时又会出现这种行为，甚至更加严重。

因此，父母应先让自己平静下来，对孩子表示关心，并及时帮助孩子处理伤口，这能满足孩子期待被关注和被爱护的诉求。同时，父母还应引导孩子，在下次想伤害自己时，可以通过听音乐、看书等自己喜欢的方式转移注意力。如果孩子下次还是没忍住，父母就要关心地问孩子遇到了什么不开心或是感到有压力的事情。

要想彻底缓解和消除孩子的这种强迫自伤行为，父母就得帮助孩子减轻心理压力。例如，少批评指责孩子，适当减轻孩子的学业压力，适当降低对孩子的期望。

战胜代际焦虑：父母越平和，孩子身心越健康

父母应如何应对

觉察焦虑行为，停止焦虑行为

父母在孩子面前表现出焦虑行为时，自己往往意识不到。因此，父母要及时觉察因自己的高要求所引发的焦虑行为，从而及时停止这些焦虑行为。高要求所引发的焦虑行为的核心，是焦虑所导致的过度补偿行为，举例如下：

- 过度担心孩子的学业跟不上，便让孩子做过多的作业；
- 过度担心孩子的学习进度不够，便让孩子上过多的辅导班；
- 过度担心孩子学习时不够认真，便严格要求孩子注意学习中的每个细节；
- 过度担心孩子管理不好时间，便对孩子的时间要求精准；
- 过度担心孩子不能安排好自己的学习任务，便严格管理和安排孩子的学习任务；
- 过度担心孩子不够优秀，便不断地把自己的孩子与别人家的孩子做比较；
- 过度担心孩子的未来，便经常吓唬孩子要是不好好学习将来就找不到好工作；
- 过度担心孩子管理不好自己的生活，便对孩子的生活细节严格要求。

第 5 章 如何避免将你的焦虑情绪传递给孩子

如果孩子没有患病,且表现得很听话、很顺从父母的要求,父母往往就意识不到自己存在焦虑行为,反而会觉得自己的教育方法和理念可以把孩子调教得规规矩矩;要是孩子的学习成绩优异,父母就更不会意识到孩子已经承受了很大的压力且心理已发生了变化。直到孩子的行为出现变化(如小 Q 出现抽动症状以及有强迫、自伤等行为),父母才会有所觉察。然而,父母此时可能只会关注尽快消除孩子的抽动和强迫症状,却没有意识到孩子心中的焦虑感才是最重要的根源,更不知父母减少焦虑行为其实就是在帮助孩子减轻抽动症状。

因此,要想减少孩子内心压抑的焦虑不安和其他负面情绪,父母应减少和停止这些焦虑行为。如何做呢?可以根据以上所列的过度补偿行为进行思考,对策如下:

- 在作业的布置上,父母要适当减少给孩子布置额外的作业,否则会让孩子感到疲惫和反感;
- 减少辅导班的数量,否则会让孩子感到疲惫、压力大,反而起不到推进学习的作用;
- 父母对孩子的学习细节提出要求,并在安排好其生活和学习任务后,鼓励孩子独立去做,而不是自己时时紧盯和催促;
- 对于孩子的未来,父母要表达出更多积极的期待,而不

155

是用灾难化的未来恐吓孩子，否则将打击孩子的自信心；
- 尽量不用别人家孩子的优秀来与自己家的孩子做对比，否则会让孩子感到焦虑、自卑，甚至是愤怒。

改变焦虑的认知，降低对孩子的过高要求

父母对孩子提出高要求并不是没有道理的，毕竟"望子成龙、望女成凤"是每个父母的愿望。然而，有的高要求并不是孩子马上就能做到的，而是需要很长时间的努力，且随着孩子年龄的增长和阅历的增加，才能自然而然地达到。如何判断自己对孩子的要求是否过高？可以根据这两个方面来判断：（1）孩子是否能达到父母的要求；（2）孩子当时的情绪状态如何。

例如，有的父母会反复要求孩子，一到家就立刻写作业，但无论是耐心地讲道理还是训斥打骂都不管用，这就说明这个要求对孩子来说太高了。因此，父母可以将这个要求分成几个阶段，再让孩子去按照顺序完成。比如，与孩子约定，到家先玩半个小时，然后再去写作业；稍后，可以逐渐缩短玩的时间；随着孩子的成长，他在过了一段时间后，很可能会主动调整为到家后立刻写作业了。

对于幼儿和小学阶段的孩子来说，要始终将心理健康放在第一位。随着孩子慢慢长大，他会变得越来越自信，内驱力和

第 5 章　如何避免将你的焦虑情绪传递给孩子

抗挫力也会越来越强。

如何降低对孩子的要求？

容易焦虑的父母很难降低对孩子的要求，他们会担心如果现在不严格要求孩子，他就不会有一个美好的未来。他们会陷入消极思维的陷阱中——总是想到事情消极、危险的一面，并形成惯性思维。

我们仍以小 Q 的母亲为例，看看她该如何跳出消极思维的陷阱。

案例

在看到小 Q 做得不够好或是听到别人家的孩子取得优异成绩时，她立刻想道："如果小 Q 不比他们更努力，就不会有一个好未来。"

当产生这种想法时，请思考以下问题。

问：这个想法是百分之百真实的吗？

答：不是百分之百，可能只有百分之九十。

问：如果小 Q 没有比别人更努力、优秀，那么他在未来还可以做些什么？

答：如果小Q没有比别人更努力、优秀，那么他也不会很差——他很孝顺，能理解父母的苦心，而且他还是一个知道努力上进的孩子。这么多辅导班和作业，他都能坚持一项一项地做完，即使不比别人优秀，他将来也能找到一份好工作。

问：此时，"如果小Q不比他们更努力，就不会有一个好未来"这个想法的真实性如何？

答：已下降至百分之五十左右。

问：小Q需要把全部的时间都用来学习吗？

答：不需要，小Q也需要有放松的时间。经过几年的奔波，小时候还能开心玩耍的小Q如今已很少开心地笑了。自小Q生病后，他看起来心情非常沉重，母亲很担心孩子的健康。

问：对于小Q来说，目前最重要的是什么？

答：对于小Q来说，目前最重要的是他的心理健康。如果能让他多放松，就能减轻他的压力，有助于他恢复健康。健康的心理状态不仅是日后能安心学习的前提，更是拥有美好未来的基础。

第 5 章　如何避免将你的焦虑情绪传递给孩子

问：如果不让孩子把全部的时间都用来学习，是否就意味着自己不是一个负责任的母亲？

答：由于小 Q 的姥姥要求严格，因此小 Q 的母亲从小到大都认为，如果不努力就是自己没做好，就是自己的责任。因此，在对小 Q 的教育上，她也会根据孩子努力学习的情况来评判自己是否负有责任，即如果孩子没努力学习、没取得好成绩，就是自己没有尽到母亲的责任。然而，孩子成绩的好坏并不是评判孩子是否优秀的标准，还有很多其他方面的因素，如孩子是否复习到了所考的内容、孩子考试时的状态等。此外，考试成绩出现波动也不完全是坏事。一方面，可以让孩子从考试成绩当中总结经验，分析自己的不足之处在哪里、优势在哪里；另一方面，孩子也需要逐渐习惯成绩的波动，这样在成绩不如意时，也能从积极的角度来看待这些挫折。

经过以上思考，小 Q 的母亲的心情平静了许多。一个人的成长经历会影响其内心深层次的思维习惯以及对自己的评判，这些都会直接影响其面对具体事件时的惯性思维是积极的还是消极的。父母只有从认知上（即思想上）真正想开了、放下了，才能真正地让心情平静下来，不那么焦虑担忧，从而平静而理性地看待孩子的学业和成长。

不要常把"笨"挂嘴边，让孩子树立学习的信心

学习是孩子成长过程中一项非常重要的内容。然而，学习对有些孩子来说比较轻松，对有些孩子来说则困难重重。无论孩子学习的结果如何、孩子掌握的速度如何，父母最看重的都不应是孩子学习成绩的高低，而是培养孩子对学习的兴趣、克服孩子学习过程中遇到的困难。

如果父母没有关注孩子在学习上遇到的困难，没有及时帮助孩子解决困难，而只是对孩子的学习成绩加以要求，甚至是说一些口无遮拦的话，就会导致孩子对学习渐渐失去信心，在学习上越来越自卑。学业上的不断受挫，令孩子对自己的学习能力产生了严重的负面评价，把学习当成一件非常可怕的事情，并做出"我是个笨小孩""我很笨，我学不会"的自我评价。

案例

小 D，男孩，二年级学生。

小 D 从小就喜欢在外面跑跑跳跳，不喜欢坐在家里。父母为了不让孩子输在起跑线上，很早就给他买了很多与

第 5 章 如何避免将你的焦虑情绪传递给孩子

学习相关的书籍、练习册等让他学习。上幼儿园时，每当父母要教他认字看书，他就跑开，只愿意听母亲给他讲故事，要不就是看动画片，或是玩平板电脑上的游戏。对于识字、算术等学习上的事情完全不感兴趣，只有母亲吼他，他才能坐下来跟着母亲读一会儿绘本。如果母亲让小 D 读绘本上的文字，他就哭哭啼啼的。

上小学前，父母给他报了幼小衔接班。可是，小 D 在上课时完全不听讲，要么左顾右盼，要么玩各种文具。回家后，小 D 写作业时什么都不会。父母见状很着急，只好每晚再教小 D 学习一遍白天学习的内容，可是第二天早上再问他时，他又什么都不会了。父亲对此很生气，每次辅导孩子学习时气都不打一处来，经常脱口就指责孩子"你怎么这么笨啊""这点都学不会，你还有什么用""我怎么会有你这么笨的孩子"等，母亲也常常急得大发脾气。

上一年级之后，小 D 终于认识一些字了，但是他完全不喜欢写字，且一写字就写得歪歪扭扭，还经常把字写到其他行里。读课文时，他也经常读错字、漏掉字，写数字、拼音也是经常出错。学校老师布置的作业，其他同学在课堂上就能写完，但小 D 却总是写不完，留一堆作业回家写。因此，他的父母每天都要轮流看着他写作业，但是不论谁陪他写作业都会被气得抓狂。同时，这也是小 D 最痛苦的时候，常常被父母的怒气吓得号啕大哭。

上二年级后，小D开始抗拒写作业，坐在书桌前不想动笔，父母呵斥他，他就哭闹，有几次哭得歇斯底里，嘴里喊着"我也不知道我怎么这么笨呀""我学不会呀""你们要是不生我就好了"之类的话。起初，父母还以为那是孩子闹情绪说的胡话，但是最近孩子却哭喊"我干脆死了得了""我要是死了你们就开心了"，父母听后感到很震惊，没想到孩子小小年纪竟能说出这样的话。学校老师也给小D的父母打电话，反映孩子在学校时上课的状态不太好，总是心不在焉，不听讲，也不写课堂作业，让父母好好给孩子辅导作业。

经医生诊断，小D患有学习障碍，且情绪也出现了障碍。后来，父母还带他去做了注意力、学习方面的训练。然而，没上几次，孩子就非常抵触，说再也不想去了。小D的父母非常迷茫，不知该如何辅导小D的学习。

父母带小D前来咨询，我发现他的情绪很低落，对什么玩具都心不在焉，拿起来玩两下就放下；问他问题，他也爱搭不理的，问他什么也不回应。父母在一旁看孩子这样，就不停地指责他"好好玩玩具，别总是随随便便的"，还说"你手笨，别乱动别人的东西"，并催促他认真回答问题。在整个过程中，父母急躁的催促声和否定声一刻不停。

第 5 章　如何避免将你的焦虑情绪传递给孩子

后来，小 D 真的"一不小心"把一个玩具摔到地上并弄坏了，惹得父母大声责备他，小 D 忍不住大哭了起来。

解析

乍看起来，小 D 的表现似乎是精神发育迟缓，可当父母不在他旁边时，他的状态看起来好多了。在不断的鼓励和认可下，他回应的话也多了起来。在玩玩具时，小 D 一直在说"我不行""太笨了""哎呀，怎么又做错了"，有时还会用拳头捶几下自己的头。小 D 的语言和行为充满了对自己的极度否定，我们也可以借此推测出他的父母在平日是如何对待他的。当我让他做一些有一定难度、需要耐心思考的游戏时，小 D 非常畏难，拒绝尝试，完全没有信心。

与小 D 的不愿学习相比，最糟糕的还是他缺乏自信，在学习上存在严重的自我否定，这让他在学习上的问题越来越严重。其实，孩子学习状态的好坏，与其对学习的信心和自我评价有非常大的关系。孩子对学习的信心越强，在学习上的状态就越好；对自己的评价越积极，在学习上就越有勇气克服困难。

何为学习困难

每个孩子都会在学习上遇到不同的困难。有的孩子是在遇到难度大的学习内容时会有困难,这种情况容易得到父母的理解。有的孩子则是在开始学习时就会遇到困难,这些困难往往是基础性的问题,如写字、算术、拼音等父母和老师都认为不应该出现困难的方面。对于后者,父母往往会用从外界施加压力的方式(如斥责或补习)让孩子克服困难,但其实这会让困难持续存在,并让孩子的情绪变得更糟。

事实上,学习困难情况在学龄儿童中较为常见,只是困难程度、持续的时间有所不同。例如,对于幼儿园小班和中班的幼儿来说,大脑的发育还不够完善,识字对于绝大多数孩子来说都是非常困难的,写字则更加困难。如果父母在这个阶段强迫孩子去识字,就是强迫他去做他没有能力做到的事情,那么孩子可能会对学习产生强烈的恐惧感,而且这种恐惧感很可能会延续到学龄期,演变成对学习的抵触、厌恶,对自己的学习能力失去信心,无法正常面对学习任务。

到幼儿园大班后,有的孩子能够认识很多字了,但是有的孩子的识字量则少得多,后者的父母往往会非常着急,会给孩子施加更大的压力(如用各种方式教孩子识字)。然而,只靠生硬地教孩子识字是无法很好地解决问题的,反而会让问题变得

第 5 章　如何避免将你的焦虑情绪传递给孩子

更加严重。此时，父母应如何做呢？首先，不要将自己的孩子与别人家的孩子做比较，这样只会让父母非常着急，看不到孩子的困难，而遇到困难的孩子是非常需要父母的帮助和理解的。然后，父母应安抚孩子的情绪，并积极关注孩子的进步，即不去关注自己的孩子比别人家的孩子少认识多少字，而要为孩子每天多认识字而高兴。这样一来，孩子就能对自己有信心了，也愿意去学习识字了。

孩子在上小学一年级后就开始学习写字了。写字过程可分为：（1）识别汉字的结构和笔画；（2）用笔将识别出的汉字抄下来。有的孩子因手眼协调能力发育较滞后，因此写字对他们来说非常艰难；有的孩子在识别汉字时会遇到困难，因此存在把字写错、顺序颠倒、字母组合错误、数字区分不清楚等问题；有的孩子因手部肌肉的协调性尚未发育好，会出现写字歪歪扭扭、大小不一的情况。父母应理解，孩子有这样的行为表现都是有原因的，孩子自己也很无奈。这样，父母就能卸下心理包袱，不会着急让孩子写好，而是只要写下来就好。这样一来，孩子对书写这件事就能放松一些，没有额外的压力了。随着他年龄的增长和不断的练习，孩子就能提高书写的熟练水平，让书写更加规范和美观。

父母的评价决定了孩子的自信和自我评价

从小 D 的案例可见，父母的评价决定了孩子的自信和自我评价。

小 D 的父母性格急躁，对孩子的评价较消极，只关注孩子的学习结果，所以忽视了孩子在学习上遇到的困难。当孩子在学习上出现困难时，父母往往暴躁以对，且不断地给孩子贴上负面的标签，长此以往，小 D 对学习失去了兴趣，对自己也失去了信心。

美国艾奥瓦大学的一项研究结果表明，父母每天对孩子说的话中，只有不到 20% 的表述是积极和充满鼓励的。父母为什么会给孩子那么多否定的、指责的、负面的评价？其实，是父母"恨铁不成钢"的焦急心情在作祟。他们会把心中强烈的焦虑化作伤人心的语言，这些语言往往是在不知不觉中说出来的，父母自己当时也意识不到这些语言会伤害孩子的自尊。尽管这些语言的背后是父母对孩子的殷切期望，但其实会让孩子形成负面的自我概念（即"我是一个什么样的人"）。

父母真实意愿转换表（见表 5-1）列出了父母常说的会伤害孩子自尊的语言，孩子在听后会形成的自我概念，以及父母的真实意愿。如果父母能理解这些，就会在说出这些话之前有所思考。

第 5 章 如何避免将你的焦虑情绪传递给孩子

表 5–1 　　　　　　　父母真实意愿转换表

父母伤害孩子自尊的语言	孩子形成的自我概念	父母的真实意愿
你怎么什么都做不好	我是一个什么都做不好的孩子	你可以做得好一些
你怎么这么笨呢	我是一个笨孩子	你是有能力学会的
你怎么连这么简单的东西都学不会呢	我什么都学不会	这个很简单，你能学会的
你怎么又出错了	我一直都出错	如果你认真一点，就可以全做对了
你太让人操心了	我做不好	你可以做好的

如果孩子长期生活在充斥着负面语言的家庭环境中，他就很容易形成负面的弱小的自我形象，在做任何有难度（哪怕只有一点点难度）的事情时，这个负面的自我形象都会让孩子产生非常强烈的焦虑和畏难情绪；相反，如果父母经常使用积极的语言，孩子就能变得自信、勇敢、敢于挑战。

父母可以借助积极语言练习（见表 5–2），尽量把对孩子表达的负面语言转换为积极的语言，为孩子创造积极的语言环境。尤其是对于存在学习困难的孩子，父母更应耐心陪伴，并给予认可和鼓励。

表 5-2　　　　　　　　父母积极语言练习

孩子遇到学习困难后的表现	父母的消极语言（停止）	父母的积极语言（练习）
写字时经常出错	你怎么总是出错	慢点做，出错也没关系，让我们来看看错在哪儿了
写作业时玩了起来	你一写作业就知道玩	你已经完成这么多了，非常棒，继续努力
做计算题时看错运算符号	你怎么这么粗心	看好运算符号，你就能做对了
因上课时没认真听讲而被老师批评	你本来就笨，还不好好听讲	上课你多听老师讲的，就能学会了
写作业时容易哭	这点作业都写不好，就知道哭	没关系，哭一会儿就能好受点了

辅导孩子学习时，父母请淡定

有人说，不辅导孩子学习时，母慈子"笑"；辅导孩子学习时，鸡飞狗跳。也有人说，每次在辅导孩子学习时，都要在心中默念无数遍"亲生的，亲生的"。

哈佛大学的马丁·泰彻（Martin Teicher）教授及其团队研究发现，长期遭受父母语言暴力的孩子的海马体（主要负责短时记忆的存储转换和定向等）和胼胝体（负责连接左右脑）的体积会缩减。因此，长期吼孩子，只会让孩子记忆力下降、左

第 5 章 如何避免将你的焦虑情绪传递给孩子

右脑开发不完全,影响学习成绩。

可见,孩子在学习时需要相对平和的家庭环境。父母要尽量保持心态平和、克制愤怒,深呼吸、去客厅走一走、喝两口水,或是手里握一个减压玩具等,都有助于转移注意力,让情绪变得更平和。

如果孩子遇到难题不愿意做,哭哭啼啼的,那么父母应温柔地为孩子擦眼泪,安慰他说"这道题的确有点难,没关系,先放一放,一会儿我们再一起想办法",或是"先做别的题,后面还有很多你会做的题",以此平复孩子的情绪。

如果孩子觉得自己写作业、而父母可以做自己喜欢的事很不公平,那么父母可以拿一本书(最好不是娱乐性质的书)坐在一旁,不仅能让孩子看到父母也在学习,还能让双方都静下心来。

一旦亲子双方都能保持平和的心态,父母就能够与孩子一起探讨问题所在并思考解决的方案。

案例

孩子在计算题中错将 6 看成 9,这让母亲很生气。她的第一反应是"孩子怎么这么马虎，为什么不能认真点呢"。在觉察到自己有这个想法后，她做了几个深呼吸，让自己冷静下来，然后自问："孩子是故意马虎的吗？孩子是故意做错的吗？"她想了想，告诉自己："应该不是的，他可能是遇到了困难。"想到这里，母亲的心情平复了一些，继而想到，"该如何帮孩子解决这些困难呢？如果孩子是在区分6和9上存在困难，那么我应该帮助他找到区分这两个数字的方法；如果孩子是因为马虎而做错了，那么我应告诉孩子做题时更细心一些"。这样一来，亲子关系就变得其乐融融了。

多给孩子贴积极的标签，让他不再胆小懦弱

父母心中理想的小孩，常会具备这样的特质：不论面对熟悉的人、刚认识的人，还是陌生人，都能与对方畅快沟通；无论是在私下的场合还是公共场合演讲，都可以举止得体、落落大方……然而，现实中的孩子则可能与此截然相反：他们见到陌生人就躲在父母身后，上课不敢回答问题，更别奢望能上台表演了。孩子出现这种情况，是他自身的问题吗？还是因父母的教育方式不当才导致孩子如此？

第5章　如何避免将你的焦虑情绪传递给孩子

案例

小美现在上幼儿园大班，和班里的老师、小朋友相处快三年了。她从上幼儿园起就很少与人交流，现在，除了能与班里一位非常温和的老师和一个好朋友小声交流之外，她与其他人都是用点头或摇头来表达意思，完全不说话。

对此，小美的母亲很着急。其实，她小时候也有与别人说话时感到紧张、焦虑的问题，直到工作后才有所好转。因此，她非常重视培养小美见人讲话的习惯。从小美很小的时候起，母亲就经常带着她去走亲访友，让小美和每个人打招呼、说话。可是，母亲越让她与别人打招呼，她越不这样，但这并不影响她在家里有说有笑的。母亲经常跟小美说"你要和叔叔阿姨打招呼，否则会显得很没礼貌""你太害羞了，你不能做个总是害羞的小朋友""你今天又没有主动和邻居阿姨打招呼，太丢人了"……

上幼儿园时，小美很不愿意去，哭了很长时间才慢慢适应了幼儿园的生活。母亲让小美每天进园时都要和门口的老师打招呼，但小美偏不那样做，每次都是低着头急匆匆地进了楼里，小美的母亲对此又着急又羞愧，觉得孩子的表现让她很没面子。于是，母亲常让小美在家里练习打招呼，小美练得不错，但一到外面见了人还是会躲起来。

小美从幼儿园回家后,时常对母亲说她再也不想去幼儿园了。母亲反复询问原因,她也不说。母亲急了,小美才说在幼儿园没意思,小朋友都不和她玩。母亲听了很伤心,向幼儿园老师打听小美在幼儿园里的情况。老师说,小美在幼儿园时很乖,也很听话,就是不太爱说话,老师问话她通常也只是点头或摇头,或者用手比画,一开始时老师甚至以为她不会说话。于是,老师建议小美的母亲带孩子去医院,看看孩子是不是患有孤独症。不过,小美的母亲则不这样认为,她说孩子在家里时与人交流一切正常,也很活泼,与父母沟通时滔滔不绝,而且要是邀请小朋友来家里玩也能玩得很开心,可能她只是在幼儿园不喜欢讲话。

幼儿园老师的话一直让小美的母亲很介怀。因此,在生活中,无论是见到认识的邻居还是陌生人(如超市店员、小区保安),母亲都让小美与对方打招呼,但小美却一句话也不说就跑开了。母亲总是很生气地把她拉回来,一定要她跟别人打招呼,小美不肯。有一次,母亲打了她几下,但是她忍着不哭,而且第二天说什么也不去幼儿园了,母亲看了很心疼。

接连好几天,小美都哭闹着不去幼儿园,后来父母带着她去看了医生,医生说没有大问题,就是压力太大了,

第 5 章 如何避免将你的焦虑情绪传递给孩子

让小美的母亲放松一些，不要总强制孩子打招呼。于是，回来之后，父母带小美出去旅行了一段时间，孩子的心情好多了。过了一段时间，小美继续上幼儿园。

尽管小美比之前好多了，可是母亲的心里仍然有块石头没落地，那就是小美在幼儿园仍然不爱说话，尽管能参加正常的集体活动，但是当需要和别人说话时，她就非常害羞，紧张得一句话也说不出来。小美的母亲曾经担心的事情真的发生在了孩子身上。她希望孩子能活泼开朗，不要一见人就紧张害怕，可是不知道为什么，她这么用心地教孩子，结果小美还是见人就紧张、害怕。

小美和父母来找我咨询。当他们一起走进诊室时，她躲在父母的身后，紧张得一句话也不敢说。母亲说："小美，来和老师打个招呼！"小美听后立刻要跑出门去，却被父亲哄了回来。小美的母亲有些不好意思，马上又给孩子讲道理："小美，你这样是不对的，不和老师打招呼多没礼貌！"然后，她又回头对我说："老师，真抱歉，这孩子就是这个毛病，见人就害羞。"听到母亲这么说，小美更加紧张了，给她玩具她也不敢碰，一直坐在椅子上，低着头，啃咬手指甲。

我请其父母离开后，小美也是这么坐着，什么话都不说，给她玩具，她只是碰了碰非常想玩的玩具，其他的玩

战胜代际焦虑：父母越平和，孩子身心越健康

具则只是看了看。我问她想玩哪个玩具，她用手轻轻地指了指。可以看出，小美不仅在与人交流上存在很大的压力，而且面对新的环境，她也很难快速适应。

她在我这里上了几节情商课后，逐渐适应了新环境，也能和老师开开心心地玩她喜欢的玩具了。又经过一段时间的调整，小美在幼儿园能和两三个小朋友说一些话了，尽管声音比较小，但这也是进步。

在访谈的过程中，小美的母亲说起了自己对孩子的担忧。她说自己小时候就十分害羞，并因此没少被同学嘲笑，上课时不敢举手回答问题，一旦被老师叫到就会紧张得说不出话，惹得同学们哄堂大笑。她因此感到很受伤，尽管她知道同学们都没有恶意，但是她就是过不去这个坎。她在长大后也存在着明显的社交焦虑，在很多需要与别人沟通交流的场合，她都会非常紧张和痛苦，能躲开就躲开。

正是因为自身的这些经历，小美的母亲才非常担心小美也会经受这样的痛苦，希望从小培养孩子的社交能力，让孩子不再遭受到这样的痛苦。她没想到的是，自己付出了这么多努力，小美却依然很害羞，而且见人焦虑恐惧的问题比她当年还严重。她很困惑，难道是自己做错了吗？

第 5 章 如何避免将你的焦虑情绪传递给孩子

解析

小美与人说话的恐惧是因其内心的焦虑情绪长期压抑所致，在母亲长期频繁的督促下，小美渐渐失去了与别人打招呼、说话的兴趣和信心，每当母亲让她打招呼时，她都会焦虑、恐惧，以及生气、对抗。母亲只看到小美不打招呼、不爱和别人说话，却看不到她的紧张、焦虑、恐惧、压力，以及这些情绪对小美自信心的打击。

其实，对于有些孩子来说，在成长的某个阶段会感到害羞属于正常现象；对于有些慢热型性格的孩子来说，见人打招呼也会慢一些。如果父母能够对此持包容接纳的态度，那么孩子见人焦虑的问题就能慢慢得以缓解。

然而，小美的母亲却对孩子见人害羞这个问题特别焦虑，从而放大了小美害羞的表现。她越是关注孩子见人打招呼这件事，就越容易发现孩子害羞，进而越发焦虑，仿佛看到孩子终日生活在他人的嘲笑中，这使其不得不采取一些过激的方法（不断催促孩子去"打招呼"）来帮助孩子，以缓解自己的焦虑。

始料未及的是，小美逐渐形成了一种条件反射———听到"打招呼"这个词，或是一想到打招呼这个场景，就立刻产生恐惧感。

母亲在给小美讲道理时，语言中传递着大量的"小美很害羞"的暗示，使得小美的心中逐渐形成了这样的自我概念："我害羞""我害怕说话，因为我害羞""我害羞，所以我总是表现不好"等。这样的自我概念让小美在与别人打招呼、说话时，会不由自主地产生强烈的紧张感，从而抑制其语言和行为。母亲对此的愤怒又让小美更加焦虑，继而陷入愈演愈烈的恶性循环中。

如何帮助孩子克服社交焦虑

要想打破这个恶性循环，母亲应先让自己放松下来，缓解焦虑。

如果父母自身有社交焦虑，就会对孩子的人际交往心存担忧，但这些担忧中有一些是对孩子社交能力的焦虑化认知。要想帮孩子克服对社交的焦虑，就要纠正这些歪曲的认知。

人际交往的歪曲认知，包括对人际交往产生的灾难化的、绝对化的、非黑即白的认知规则。对于孩子来说，一旦将这些规则深埋在心中，在他面对人际交往的情景时，这些规则就会被激活，启动相应的自动化思维，继而使他产生焦虑感；对于父母来说，如果他们对于孩子的人际交往存在这样的认知，他们就会感到很焦虑，也会因此让孩子感到焦虑和压力。

以下为父母关于孩子人际交往的常见的歪曲认知。

第 5 章 如何避免将你的焦虑情绪传递给孩子

- 对孩子人际交往能力的灾难化认知：
  - 要是孩子在别人面前表现不好，就会被人排挤；
  - 要是孩子不打招呼，以后就没人喜欢他了。

- 对孩子人际交往能力的绝对化认知：
  - 孩子见到每个人都应该打招呼；
  - 孩子在与别人交流时要表现得很完美。

- 对孩子人际交往能力的非黑即白的认知：
  - 要是孩子见到别人不打招呼，就是没礼貌；
  - 要是孩子在别人面前不好好说话，就是没礼貌。

父母可以通过改变关于孩子人际交往的歪曲认知的练习（见表 5–3）来帮助孩子克服社交焦虑。尽管这是一个漫长且艰难的过程，但是父母值得为之努力！

表 5–3　父母改变关于孩子人际交往的歪曲认知的练习

歪曲认知	验证	新的认知
要是孩子在别人面前表现不好，就会被人排挤	即使孩子表现得不好也只是暂时的	即使孩子在别人面前表现得不好也只是暂时的，以后会渐渐表现得越来越好
要是孩子不打招呼，以后就没人喜欢他了	孩子还有许多其他优点	孩子还有很多其他优点，就算他不打招呼，也不会让所有人都不喜欢他，别人会因为他的其他优点而喜欢他

续前表

歪曲认知	验证	新的认知
孩子见到每个人都应该打招呼	孩子是否打招呼，应尊重他自己的意愿	尊重孩子的意愿，应让他自己决定是否打招呼
孩子在与别人交流时要表现得很完美	没有完美的交流方式	孩子不需要完美地与别人交流
要是孩子见到别人不打招呼，就是没礼貌	孩子想做个有礼貌的孩子	孩子不打招呼可能是他没准备好，不是他没礼貌
要是孩子在别人面前不好好说话，就是没礼貌	孩子可能太紧张了	孩子在别人面前不好好说话不是因为他没礼貌，而是他太紧张了。让他放松，一旦他不紧张了，就会做得越来越好

父母的歪曲认知往往持续很久，因为它们埋藏得很深，缺乏现实的验证。如果没有现实的验证，就很难发现其中的偏差和它们过度消极的一面，也无法看到积极的一面；相反，经过现实的验证后，父母就能放松一些，从积极的角度看待孩子的表现，父母和孩子都不会那么紧张了。

接下来，父母可借助积极语言练习（见表5-4），多对孩子说一些积极的话，这将有利于孩子形成积极的自我概念，从而增加孩子的社交自信。

第 5 章 如何避免将你的焦虑情绪传递给孩子

表 5-4　　　　　　　　　积极语言练习

情景	父母的积极语言
孩子不敢跟邻居打招呼	你是个有礼貌的孩子,以后你可以说得很好
孩子见到同学不敢说话	你可以小声与同学说话,我相信你会说得很好的
孩子看到老师很害羞	你可以克服害羞的,你会变得很自信
孩子的表达不合适或犯错误	谁都会有犯错误的时候,我相信你下次会说得更好
孩子感到别人会嘲笑他	你无须在意别人怎么说,努力做好自己的事即可

保持平和心态,让孩子学会与他人相处

每个孩子都是不同的,有的孩子情绪平稳,有的孩子较易情绪波动。也就是说,前者的情绪调控天生相对比较容易,后者比较困难。

如果孩子的情绪较易波动,且父母教育不当,孩子就容易变得脾气暴躁,这会给其自身和别人带来很大的困扰。对自己来说,他们难以集中注意力,容易失眠、入睡困难、做噩梦等;对别人来说,他们容易动手打架、破坏物品,甚至动手打父母。

看到孩子脾气暴躁,父母会非常生气,常会用打压、惩罚等方式让孩子不要闯祸。不过,只是像这样暂时压制住孩子的行为是不够的,如果不能帮助孩子学会调控情绪,调节其情绪的波动和强度,那么他仍会暴怒并做出冲动行为。

案例

小E天生就是个爱哭闹的孩子,而且哭闹时总是用尽全力,声音特别大,经常哭得面红耳赤,上气不接下气。

虽然小E的父母平时工作比较忙,但是他们对孩子的教育毫不松懈,一直期望孩子早日成才。从小E两三岁起,他们就对他严格管教,比如吃饭时不能掉饭粒、玩具玩完之后要及时归位、不能在家里蹦跳等。如果小E做不到就会挨打。小E从小就不愿睡觉,晚上睡着后很容易做噩梦。

经过父母的惩罚教育,小E在家时看起来还是很听话的,但是有几次,母亲看到他使劲砸他最喜欢的玩具,直到把玩具砸得七零八碎。母亲很担心他有暴力倾向,便对他更加严厉管教。

上幼儿园时,他不爱睡觉,经常动手打小朋友,不高兴了就满教室跑着玩,对老师的批评也毫不在乎。后来,只要他不是闹得太厉害,幼儿园的老师就不怎么管他了。上一年级时,小E的脾气虽不好,但是他的班主任比较温

第 5 章　如何避免将你的焦虑情绪传递给孩子

和,对他的态度比较包容也比较关注他,并且经常鼓励他,尽管他有时在学校也会闹一些脾气,但班主任还是经常安抚他、鼓励他,因此那时父母没觉得他有什么太大的问题。

从二年级开始,小 E 的班级换了一位非常严厉的班主任,不像以前的班主任那么包容他。之后,小 E 的状态越来越糟,他经常在学校发脾气,把同学的东西弄坏、扔到地上,挑衅同学。班主任严厉地批评他,他就冲班主任扔东西,结果他的父母经常被叫去学校。小 E 的父母非常生气,于是更加严厉地惩罚他。小 E 的父亲轻易不发脾气,但是一发脾气就非常暴躁,打小 E 时下手很重。在这一年,小 E 隔三岔五就在学校发脾气、惹祸,因此回家就会挨打。

二年级结束后的暑假,小 E 的父母要求他去上辅导班。他从这时起,经常偷偷玩手机游戏。白天,他在辅导班借同学的手机玩;半夜,他偷偷用母亲的手机玩,凌晨再放回原处。开学前,父亲发现了,痛打了小 E 一顿,之后他再也不玩了。

到了三年级,小 E 的脾气比之前更加不受控了。他几乎每天都和同学发生大大小小的矛盾,上课时打扰别人听讲,班主任也频频接到各科老师的投诉,说因小 E 扰乱课堂纪律导致课程无法顺利进行。有一次,旁边的同学嘿嘿笑了一下,小 E 就觉得是在笑话他,便气得抄起铅笔盒向

战胜代际焦虑：父母越平和，孩子身心越健康

那位同学砸去，同学的头上被砸了一个大包。鉴于小E的这个行为太危险，学校要求小E向那位同学道歉，还要求他两周不能来学校。

父母按照学校的要求把小E带回家，让他在家里学习。母亲发现，小E在家里写作业时心不在焉的，经常发呆，做题时往往不读题就随便写个答案。母亲见状便批评了他一句，没想到他突然大喊大叫、骂脏话、摔东西、打母亲，还把习题、卷子都撕得稀烂。母亲觉得小E好像是情绪崩溃了。

当小E的父母带他来到我的诊室时，我发现他一点都不认生。他面无表情，虽然看到很多玩具都显得很感兴趣，但是拿起来摆弄几下后就不屑地扔到地上。他不停地在屋里走来走去，还踢踢这里、踢踢那里，问他什么他都爱搭不理的。后来，他找到了一款喜欢的桌游才不再来回走了，然后他又将他喜欢的乐高与桌游混在一起，"叮叮咣咣"地玩了起来。几分钟后，他的心情放松了一些，说："老师，你有手机吗？我想玩游戏。他俩把手机藏起来了。他们都说我得一周控制住不发脾气才能给我玩。我已经一周没发脾气了，他们又说不行，还得再坚持一周才给我手机玩。他们就是这样，总是说话不算话！我做错一点事都要挨揍，他们做错了则从来都不承认！我挨打都习惯了，他们打我，

第 5 章　如何避免将你的焦虑情绪传递给孩子

我就去学校打别人,哼!"他边说还边把手里的玩具狠狠地摔在地上。

尽管小 E 在学校经常闯祸,但其实他的心里压抑了很多的愤怒与委屈。他无法控制住自己的情绪,因为这超出了他自己的能力范围。他渴望父母能理解他,但是没人能帮助他。他的愤怒情绪无处宣泄,就变得越来越敏感了。

解析

小 E 的父母一心想把孩子培养成才,却忽略了孩子的感受。在与其父母访谈时,他们表达了自己教育孩子的观点。

他们认为,只有从小严格教育孩子,培养其良好的生活习惯、学习习惯,孩子将来才能考上好大学、找到好工作。不过,他们觉得小 E 非常不好管教,从小脾气就不好,这给他带来了很多麻烦。对此,父亲更觉得需要对孩子严加管教,不能纵容他随意宣泄情绪。因此,小 E 在小时候一旦哭闹、发脾气,就会被父亲训斥一顿并被要求立刻停止;如果哭闹不止,他就会挨打。慢慢地,小 E 在家里时不怎么发脾气了,这让父亲以为自己的教育方法很有用,但他想不通为什么在家"表现挺好"的孩子在学校却成了"小霸王"。

战胜代际焦虑：父母越平和，孩子身心越健康

小 E 的父亲是个非常自律的人，认为只有控制好情绪才能做好事情。因此，无论是在工作中还是在生活中，他都很少表露情绪。只有在小 E 犯错时，他才会阴沉着脸，甚至是大发雷霆。如果父亲在家，小 E 就会很紧张，生怕犯错；如果父亲不在家，他就会轻松一些，尽管母亲也会管他，但他并没怎么放在心上。

在这样的家庭氛围中，小 E 从小就被要求压制自己的情绪。因其负面情绪在家里无处释放，所以去学校后情绪就会失控。幼儿园和小学一年级，由于老师对他都比较宽松，因此他的行为不会受到太多约束，心情也较为放松。后来，遇到了严厉一些的老师，他不能像以往那样被包容，便无法控制情绪了。

不要忽视孩子的求助信号

当孩子的心理状态不好、需要调整时，往往会发出求助信号。在案例中，小 E 的父母在看到他发脾气时，一直采用压制的方式，使其压抑的负面情绪得不到疏导并越积越多，最终情绪崩溃了。

因此，如果父母能及早地通过孩子的情绪和行为识别其求助信号，就能意识到他们以往教育孩子的方式已不适合现阶段的孩子，从而调整他们的心情状态和教育方式（见表 5-5），将孩子的情绪和行为状态尽快调整到正常的轨道上。

表 5-5 根据孩子的情绪和行为表现识别其求助信号并做出调整

孩子的情绪和行为表现	孩子发出的求助信号	父母需做出的调整
经常在写作业时发脾气	作业太多或太难了，超出了我的承受力	和孩子讨论作业的安排，适当减少作业量或降低难度
经常冲动打人	我有很多愤怒情绪	和孩子谈心，疏导孩子压抑的愤怒情绪
经常生气摔东西	我不知道如何恰当地发泄情绪	带孩子去运动，或捶软枕发泄情绪
经常在课堂上捣乱	我无法遵守规则，我控制不住自己	鼓励孩子遵守规则，提高自控力
经常伤害自己	我感到很压抑	放宽管教，减少训斥

父母压抑，孩子易暴躁

有的父母与小 E 父亲的观念一致，认为孩子既要把细节做好，还要控制好自己的情绪。孩子能控制好自己的情绪固然重要，但如果父母的教育方式不当，孩子的情绪就会如同火山爆发，做出冲动、攻击的行为，反而得不到控制。

有的父母不允许孩子真实地表达情绪（尤其是负面情绪），担心一旦这样孩子就会容易情绪失控，给周围的人带来不好的影响，并被视为充满负能量的人。因此，他们会让孩子将生气、伤心、难过等负面情绪都隐藏起来，不要随意表露。持有这种想法的父母，他们自己往往也是这样做的。然而，成年人可以在一定程度上做到这一点，但对于孩子来说则很难。根据心理学家的研究可知，人类掌管理性思考、情绪调节、发展共情的大脑前额叶需要到25岁左右才能发育完全。

可见，孩子在年幼时，各种情绪的表现都是最真实、最直接的，也是淋漓尽致的，一旦被压抑下去，就会严重影响其情绪调控能力。

这样的父母会对孩子做事及学习的细节提出过高的要求，如果孩子做不到就惩罚，孩子就会感到更加压抑。事实上，孩子在遇到困难和挫折时，更需要的是父母的鼓励和支持，而不是指责和压制。

当孩子在学校出现和同学吵架、打架、发脾气、被老师批评等情况后，父母通常会指责、惩罚甚至是体罚孩子。他们这么做，是希望孩子能够记住这个教训，下次不要再犯了。然而，往往是父母打也打了、训也训了，孩子还是原来那个样子，甚至还会变本加厉。为什么会这样呢？因为父母只是压制了孩子的行为，却忽视且没有理解当时孩子的心理感受、产生这种感受的原因，以及以后再遇到这种情况该如何面对等。因此，父母在教育孩子时，需要与孩子深入交流，多了解孩子的想法和感受。

第 5 章　如何避免将你的焦虑情绪传递给孩子

如何帮孩子疏导情绪

脾气暴躁的孩子，其情绪变化较快，情绪的强度也比较激烈，负面情绪很容易爆发出来。如果他们在家里受到压抑，就会去学校发泄出来。表 5-6 体现了这种关系。

表 5-6　父母的教育方式与孩子在学校可能会出现的情绪及行为

父母的教育方式	孩子在学校可能会出现的情绪及行为
如果孩子没写好作业，就会罚孩子重写	无故撕毁同学写好的卷子
如果孩子在学校里打架，待孩子回家后就会惩罚孩子	为报复同学，向老师打小报告
如果孩子上课扰乱课堂纪律、随意说话，就会打手板	上课时在教室里乱跑
如果孩子在学校顶撞老师，待孩子回家后就打孩子	一旦被老师训斥就会发脾气，顶撞老师，甚至掀翻桌子
如果孩子挑衅同学，待孩子回家后就会打孩子，或是采用其他的惩罚方式（如抄写 10 遍课文）	变本加厉地欺负同学

从上表可见，只有孩子的负面情绪得到及时疏解，他们的心情才能平稳下来。这样，他们在学校才不会对外界的刺激反应过度。

不过，有的父母会把孩子的暴躁情绪和行为归结为孩子天生就是如此，或是现在的措施还不够严厉，必须管得更严点。

战胜代际焦虑：父母越平和，孩子身心越健康

这是真的吗？我们可以拿孩子情绪好时的表现来做对比。我们仍以小 E 为例来解读。

案例

小 E 的父母回想起小 E 上一年级时，在学校也是我行我素，不爱受约束，不遵守规则。不过，那时的班主任较为关注他，经常和他聊天，上课时也会表扬他，还劝父母对待孩子要宽松一些，不要打孩子，而要和孩子好好说。那时，父母对小 E 惩罚得少，虽说他在学校里也会出现一些小状况，但不像现在这样。后来，小 E 换了一位比较严厉的班主任，他的情绪开始变得不稳定了，父母对他更严厉了，惩罚也多了，但他在学校的表现则变得更糟糕了。

想到这里，小 E 的父母才意识到，越是打骂孩子，孩子就会越暴躁。为了让孩子的暴躁情绪回归平静的状态，他们需要疏导孩子的情绪，提升孩子调控情绪的能力，改变以往打压式的教育方式，将孩子的感受放在首位。

一定会有父母想问，如果太重视孩子的感受，那么这是否会让孩子太以自我为中心？脾气暴躁的孩子延迟满足的能力本

第 5 章 如何避免将你的焦虑情绪传递给孩子

来就不好，要是对他的要求太宽松，他的行为是否就会无法无天、肆无忌惮，甚至用发脾气来要挟父母呢？

可以理解父母的这些顾虑，生活中也的确存在这样的现象：父母越宽容，孩子的行为和脾气越不受约束，一旦给他压力，他很可能就会情绪崩溃。因此，父母要好好思量其中的度——既要关心孩子并给予他一定的宽松度，也要给孩子一定的限制。这两者看起来似乎有些矛盾，做起来也非常难，但是只要父母沉下心来，放下自己的焦虑、执着，就能慢慢了解这个度。前提是，父母需要对孩子的行为设定界限，如不能打人、不能扰乱学校上课纪律、不能破坏学校和家里的物品等。与在学校的约束相比，在家的约束可以少一些。

在这个过程中的重点是，要给孩子表达情绪的时间，在孩子表达时先不要着急给孩子贴上"顶撞老师"的标签，而要等孩子讲述完整个事情的发展经过后再帮孩子分析，他在这个过程中哪里做得好、哪里做得不好。例如，小 E 有一次发脾气打同学，是因为那个同学先扔了小 E 的橡皮，小 E 很生气便打了他，结果小 E 就被老师训斥、惩罚了。父母在了解了这个过程后，应先理解孩子的委屈和气愤，然后与孩子分析这个过程：本来错不在小 E，结果却是小 E 被惩罚了，如果再发生类似的情况，那么小 E 不应去打同学（因为动手打人是不对的，老师一定会批评先动手打人的同学），而应向老师报告，这样可能就不会被误会了。这样一来,孩子当时的心情就能被父母理解,他也可以拓宽解决问题的思路,再遇到类似情况就不会只有"打人"这唯一的解决方式了。

不过多挤占孩子的业余时间,才能让他做到不拖沓

写作业是每个孩子在学习中的重要内容,不仅能帮助孩子巩固新学习到的知识、拓展知识范围、扩展思维,还能提升孩子的注意力和执行、时间管理、任务管理等能力。完成作业是每个孩子必须完成的任务,适当的作业量对于孩子的学业进步来说是非常重要的。

不同的孩子写作业的情况存在差异,有的孩子从低年级起就能自觉地写作业,有的孩子则一直为写作业而头疼。后者的父母也为此深感苦恼,但又不知自家的孩子为什么不能像别人家的孩子那样自主地写作业。

其实,这不仅与孩子自身的注意力、执行能力的发展有很大的关系,也与孩子自身的焦虑情绪和外界施加的压力存在很大的关系。如果父母能了解孩子的心理状态,调整自己的情绪状态,正确看待孩子写作业的态度并采取适当的方法,就能真

第 5 章　如何避免将你的焦虑情绪传递给孩子

正地帮助孩子。

案例

小 Z，九岁，女孩。

母亲对小 Z 非常溺爱，能代办的事情都会代办，对孩子的保护也很多。小 Z 小时候，母亲给她喂饭、帮她穿衣、帮她组装玩具等，每当小 Z 想自己做的时候，母亲都会说"你做不好，还得我来给你帮忙"。从小 Z 上学之后，母亲就把更多的心思放在她的学习上了，并对她学习的各个方面都非常上心：早上起床后，母亲帮她检查书包、学具和其他必备物品；上学的路上，母亲帮她将书包背到学校门口才给她；放学后，母亲接她去上补习班、兴趣班；晚饭后，母亲带着她检查各项作业、写课外作业，练习舞蹈、书法等；临睡前，母亲帮她收拾第二天的书包，整理她的课外班笔记等。

一年级刚开学，小 Z 还能勉强听母亲的话，回家就写作业，母亲让她干什么她就干什么。一个多月后，小 Z 就没那么听话了，回家后拖拖拉拉的，一会儿玩拼图，一会儿画画，过了一会儿又去捏橡皮泥，就是不开始写作业。

母亲每天都催促着、哄着，这才让小Z好不容易坐在书桌前，可是没过一会儿她就要去喝水、上厕所、削铅笔……总之，除了写作业，小Z一直忙个不停，每天都得写到11点才能上床睡觉。母亲看了非常着急，便想各种办法来帮助小Z提升写作业的能力。

母亲制订了一个奖惩计划：如果小Z在一周之内每天都能按时写作业，就会得到奖励；如果做不到，就要受到惩罚，写10篇生字。第一周，小Z做到了并得到了想要的奖励，很开心。第二周，小Z也做到了，但是她不喜欢那份奖励，希望母亲能给她换一个她喜欢的，但母亲没同意，于是小Z又开始哭闹着不写作业了。由于她没有达到要求，母亲就罚她写10篇生字，可她也是拖拖拉拉，不愿意动笔。后来母亲也曾试着把奖励设置成小Z特别喜欢的东西，可是不起作用。于是，那个奖惩计划搁置了，母亲每天都要追着、陪着、看着小Z写作业的日子又开始了。

上四年级后，小Z写作业越来越拖拉了，而且很多题都不会做，母亲在给她讲题时她左顾右盼，让她再做一遍时她还是做不出来，母亲只好再给她讲好几遍，但她还是不懂。母亲急了，就训斥小Z："你不能总这么拖拖拉拉的，要不就考不好了！快点写，快点写！写不完明天就交不上作业了，老师该批评你了！"每到这时，小Z就会漫不经

第 5 章　如何避免将你的焦虑情绪传递给孩子

心地说:"写不完明天就不去学校了。"母亲听后既着急又担心,便越发催促她快点写。可是,无论怎么催促,小 Z 都是拖拖拉拉的,有时写到 12 点还写不完。

小 Z 在课堂上也无法保持专注,老师在课堂上讲的内容她都学不会,考试成绩也越来越差。老师找小 Z 的母亲谈话,让她多关注孩子的学习,现在小 Z 的学习动力下降得厉害。

母亲带小 Z 来到我的诊室。她活泼开朗,在屋里蹦蹦跳跳的。"老师,你们这里玩具这么多呀!啊,这个玩具我没见过……这个真好玩!"她看起来很开心,还主动和我聊了许多好玩的事,包括班级里有趣的事,还有动漫、游戏等。可见,她喜欢的东西挺多的。可是一旦和她聊起上课听讲、写作业等学习内容,她就迅速转移话题。经过一番周折,小 Z 才断断续续和我说起了学习的烦恼。

小 Z 上课时总是分心,她也记不清是从什么时候开始的了。写作业时,之前只要母亲不在身边,她就没办法写作业,可是现在有母亲在身边陪着,她还是无法安心写作业。因为母亲总催她"快点写、快点写",催得她非常心烦,一点儿都不想写。母亲催一次,她就写一点,否则就只想玩。她笑嘻嘻地说:"我感觉,学习都是给妈妈学的,妈妈学得比我好,我不用学,所以也不用写作业!"

战胜代际焦虑：父母越平和，孩子身心越健康

后来，我从小 Z 的母亲那里了解情况，发现她很焦虑，不停地说"她不写作业可怎么办呢""我试了很多方法都不管用，她还是拖拖拉拉不愿意写""老师，你有什么好方法吗？快教教我，怎么能让她快点写作业"。说着，她拿出了笔记本和笔，准备做记录，要把我说的方法记下来回去用。她的笔记本上密密麻麻地写了很多关于教育孩子的学习笔记，可见她非常用心。当我建议她稍微放松一些，写作业的事情让小 Z 自己去做时，她更焦虑了，连忙说："不行、不行，你不知道她有多不自觉，什么作业都得我催她，要不她根本就不写。她什么事都得我操心，就说早上收拾书包吧，我不收拾，她就完全不去想这件事。这都是因为我之前管得太多了，现在想让她自己做，她嘴上应着，就是不动弹，只知道玩。"

小 Z 母亲的担心的确是实际情况，因为她代替孩子做了那么多，孩子已经没有了自己的主见，只觉得每件事都是母亲应该做的，而自己做的事情都是为了听母亲的话，是给母亲做的。等到母亲想放手时，孩子却什么都不会做。

解析

虽然小 Z 说的"学习都是给妈妈学的"带有气话的成分，

第 5 章　如何避免将你的焦虑情绪传递给孩子

但她似乎确实是这么想的。在母亲长期的过度保护和过多干涉下，小 Z 已经不知道自己要做什么了，她做什么事情都要母亲帮忙。

这样一来，小 Z 的自主意识被削弱了。她在做事之前，常会不自觉地认为自己做不好，并产生逃避心理。如果母亲不安排她去做什么事情，她就没有动力主动去做。

在写作业的过程中，小 Z 很难保持专注，对作业的内容也不感兴趣，因为母亲已经代她做了很多，无须她动脑筋思考。在长期的过度干涉下，小 Z 失去了学习动力，而且在学习上遇到困难时，她的信心也会迅速减弱。在她的观念中，她现在的学习和写作业都不是她想做的，而是为了母亲才不得不做的。

事实上，没有哪个孩子不想好好学习、不想取得好成绩。虽然有的孩子会表现出拖拖拉拉、不想写作业的样子，但其实他是在心里与焦虑烦躁的情绪对抗。这些焦虑烦躁最初来自父母的过度干涉，并逐渐地内化为内心不由自主的不安，尤其是在父母要求的学习和写作业的事情上。因此，父母应避免对孩子的过度干涉，让孩子有机会能自主地为自己安排一些学习任务。

"勤快"父母养出"懒"孩子

母亲之所以过度干涉小 Z 的生活、学习与玩耍,是因为她过于焦虑,对孩子做的任何事都不放心,因此事事(包括生活和学习上的事情)都要帮助孩子,以确保孩子做好。

母亲无微不至的照料让小 Z 对母亲产生了依赖。在小 Z 想去尝试时,母亲早已冲到前面替她做好了,使她没有机会去体验。幼儿期本是孩子培养自主意识的关键时期,而自主意识的培养离不开孩子不断地尝试,通过试错总结经验,以及通过努力克服困难体验成就感。如果父母在孩子幼儿期过度包办,孩子就没有机会去自主尝试和体验,也就很难培养起自主意识。这样一来,孩子在日后会过度依赖父母的帮助和照料,遇到一点压力就会非常焦虑,从而想逃避,等着父母来帮忙。

有的父母不仅会在生活上过度干涉孩子,还会在孩子玩耍时不断地干涉,指导孩子应该按照父母的方式去玩。如果孩子在玩耍时遇到一点困难,他往往还没来得及思考,父母就已经帮助他解决了。这样一来,父母不仅剥夺了孩子玩耍的乐趣,干扰了孩子的独立思想和自主意识,还会影响其注意力的集中和坚持。如果父母一边帮助孩子,一边指责孩子害怕困难、懒惰、自己不思考等,给孩子贴上负面标签,就更会打击孩子的自信心。

第 5 章　如何避免将你的焦虑情绪传递给孩子

孩子在上学后，父母的过度干涉又会转移到学习上，并渗入学习的每个细节——从做准备到学习的过程，再到学习的总结，孩子完全没有机会自主学习。尤其是从小被过度保护和过度干涉的孩子，他们已在学习上形成了对父母的依赖，因此缺乏学习动机。这样一来，孩子就会认为自己无法完成学习上的任务，并对学习感到焦虑。

以上就是人们常说的"'勤快'父母养出'懒'孩子"的原因。其实，在孩子"懒"的背后还有自卑、焦虑。

如何培养孩子的自主学习能力

目前的情况是小 Z 缺乏自主学习能力，父母（尤其是母亲）需要克服自己的焦虑。以写作业为例，母亲需要克服自己对孩子写作业的焦虑，逐渐把写作业的自主权还给孩子。

培养孩子的时间观念

培养孩子的自主学习能力，可以从培养孩子的时间观念开始。这能让孩子懂得如何根据事情的轻重缓急来安排做事的顺序，并了解自己每天的时间花在了哪里。

父母可以借助表 5-7 引导孩子记录每天写作业的情况，孩子也能通过这样连续的记录对比每天的表现，获得成长。

表 5–7　　培养孩子自主写作业的练习表

日期	作业内容	开始时间	结束时间	用时（分钟）	自我评价（1~5分）
3月1日	数学口算100题	19：00	20：30	90	1分
3月2日	数学口算100题	20：00	20：45	45	5分
3月5日	数学口算100题	19：45	21：15	90	1分
3月10日	数学口算100题	19：00	20：00	60	2分
3月13日	数学口算100题	18：50	19：20	30	4分

使用这张表时需要注意以下几点。

- 父母和孩子一起选一项经常做的作业内容，这项作业应是容易评估的，且要适量——太多不容易完成，太少则体现不出效果。
- 让孩子自己来填写，父母不做评价。
- "自我评价"一项，评几分由孩子来填写，鼓励孩子客观填写。
- 无须强制要求孩子填表，而且不必每天填写，间隔一两天也可以。父母如果提醒孩子填写，那么每天最多提醒一次。
- 父母和孩子共同分析所用时间的变化，对用时少的情况给予认可和鼓励，不要指责孩子用时过长、边写边玩等。
- 这项练习只是为了帮助孩子培养时间意识，不要期待太高，应及时肯定孩子的进步。

第 5 章　如何避免将你的焦虑情绪传递给孩子

此外，父母还可以鼓励孩子在一周中的某一天或两天自己决定什么时间开始写作业，并借助表 5-8 来练习，由孩子自己填写该表。

表 5-8　　　　孩子决定何时开始写作业的练习表

日期	开始写作业的时间	写完作业的时间	用时	自我评价（1~5 分）
3 月 21 日	21：05	00：14	3 小时 9 分钟	2 分
3 月 22 日	21：00	00：10	3 小时 10 分钟	2 分
3 月 29 日	20：58	23：59	3 小时 1 分钟	3 分
4 月 5 日	20：52	00：03	3 小时 11 分钟	3 分
4 月 7 日	20：50	23：56	3 小时 6 分钟	3 分

使用此表时需注意以下几点。

- 父母只需关注孩子做得好的地方，哪怕只是一点点。例如，在此表中，孩子在后几天开始写作业的时间尽管只提前了几分钟，父母也要认可孩子的进步。
- 父母无须计较孩子给自己评的分数是高还是低，只从中了解孩子的自我认可程度以及孩子感受到的成就感即可。父母还要表达对孩子评分的认可，鼓励孩子继续努力。
- 如果孩子在练习的过程中有时出现了退步，父母也不要批评孩子，而应鼓励孩子继续坚持——孩子总会有进步的。

在培养孩子自主写作业的过程中，父母要克服自己的焦虑。我在咨询中发现，很多父母在让孩子自己决定什么时候开始写作业时会感到焦虑。此时，可以借助第2章中的自我觉察焦虑情绪练习（见表2-2）做练习，觉察并缓解焦虑。此外，父母还需要清楚，孩子练习自己管理写作业时间的过程不会十分顺利，很有可能需要比较长的时间（甚至很可能会超出父母期待的范围）。在这个过程中，父母需要多一些耐心，克服急躁。

玩和写作业的顺序，需要根据孩子的需求而定

很多父母都希望孩子放学后一回到家就能先写作业，写完作业后再玩，因为在他们看来，先写作业再玩才是良好的学习习惯，如果孩子先玩，就不愿意再去写作业了。因此，他们会对让孩子先写作业再玩的顺序非常执着，但这种执着会让孩子在写作业这件事上越来越拖延。对此，父母需要用发展的眼光来看待孩子写作业和玩的顺序，因为在这个选择的过程中，有的孩子需要先获得积极体验，然后才能调动自主的决策。

如果孩子在放学回家后希望先玩一会儿再写作业，那么父母可以先观察孩子的行动。如果写作业时间晚了，影响睡眠，孩子产生了很不舒服的感受，那么父母可以和孩子讨论先写作业再玩的好处，鼓励孩子尝试这种顺序，体会放心玩的感受。此外，孩子有时可能会早一些写作业，有时可能会晚一些再写

第 5 章 如何避免将你的焦虑情绪传递给孩子

作业,这是一种很正常的现象,父母无须为此而焦虑担忧。

每个孩子的自律能力的发展规律都是不同的:自律能力发展好的孩子能自主写作业;自律能力发展比较迟的孩子,则需要比较长的时间一点点培养。这种能力是随着孩子年龄的增长而增长的,且增长的过程很容易受各种外界因素的干扰,其中之一就是父母的过度焦虑。父母对孩子写作业的过度焦虑会引发各种过度补偿的行为,如过度干涉、过度严格、过度压制,从而阻碍了孩子自律能力的发展。

给孩子适当的任务量

按照父母的完美主义的标准,无论是校内作业还是校外作业,孩子最好都能保质保量按时完成。不过,这也需要根据孩子的承受能力和对学习任务的兴趣而定。如果孩子承受不了这些任务量,就需要有所取舍:"取"的是认真做好校内作业,"舍"的是校外作业。把做校外作业作为孩子兴趣的补充,孩子有兴趣就做,若孩子没兴趣且时间不允许就先放一放。

后 记

由于篇幅的关系，关于代际焦虑，还有很多内容无法在此详尽描述。此外，由于每个孩子和家庭都有各自的特点，所遇到的问题也不尽相同，因此需要根据实际情况来分析和判断。

我从事儿童和青少年的心理咨询工作多年，发现很多父母的过度焦虑会以各种形式影响孩子的心理健康，父母也是深陷其中不知如何调整。因此，我很早就想写这样一本书，希望能系统地帮助父母从过度焦虑中走出来。

当中国人民大学出版社的郑悠然编辑与我约稿，说很希望我能写一本以"战胜代际焦虑"为主题的书时，我非常激动，这不正是我想向父母们展示和传播的知识吗？因此，在写这本书时，我感觉非常顺畅，因为这些内容基本上都是我日常工作中经常教给父母们的知识和方法。

本书强调，在家庭教育中，父母能保持平和的心态，让自己的焦虑情绪处于适当的程度是非常重要的。孩子在学习中成长,父母也在变化中修炼,父母需要保持平和的心态,跟随孩子成长的脚步而不断提升自己。虽然本书无法囊括关于战胜代际焦虑的所有内容,但是可以给父母们这样的启发:只有父母的心态平和,才能理智且正确地教育孩子,让孩子的身心更健康。

最后,我很感谢这些年来我的来访者们对我的信任,感谢你们愿意与我共同努力,让孩子走出心理困境,重新沐浴阳光。也非常感谢我们慧心源心理咨询师团队,相信通过大家的共同努力,更多的家庭和孩子将会获益。

北京阅想时代文化发展有限责任公司为中国人民大学出版社有限公司下属的商业新知事业部，致力于经管类优秀出版物（外版书为主）的策划及出版，主要涉及经济管理、金融、投资理财、心理学、成功励志、生活等出版领域，下设"阅想·商业""阅想·财富""阅想·新知""阅想·心理""阅想·生活"以及"阅想·人文"等多条产品线，致力于为国内商业人士提供涵盖先进、前沿的管理理念和思想的专业类图书和趋势类图书，同时也为满足商业人士的内心诉求，打造一系列提倡心理和生活健康的心理学图书和生活管理类图书。

《消失的父亲、焦虑的母亲和失控的孩子：家庭功能失调与家庭治疗（第 2 版）》

- 结构派家庭治疗开山鼻祖萨尔瓦多·米纽庆的真传弟子、家庭治疗领域权威专家的经典著作。
- 干预过多的母亲、置身事外的父亲、桀骜不驯的儿子、郁郁寡欢的女儿……如何能挖掘家庭矛盾的"深层动因"，打破家庭关系的死循环？不妨跟随作者加入萨拉萨尔一家的心理治疗之旅，领悟家庭亲密关系的真谛。

《自信快乐的小孩：别让焦虑和孩子一起长大》

- 12 周，手把手地教你帮助孩子克服恐惧、担忧、不自信心理，将焦虑降低到可控水平。让父母放轻松，孩子重拾信心与快乐！
- 医学博士、北京慧心源情商学院创始人韩海英，幼儿发展研究专家、《孩子一生早注定》作者奶舅吴斌作序推荐。
- 随书赠送《儿童训练手册》电子版。

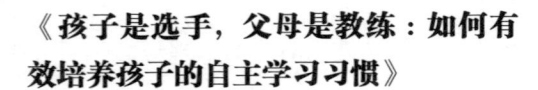

《孩子是选手，父母是教练：如何有效培养孩子的自主学习习惯》

- 为父母提供"双减"政策下更适合孩子的学习指导方法。
- 北京师范大学科学传播与教育研究中心副主任李亦菲、延边大学师范分院附属小学校长金海连 作序推荐。
- 随书附赠《自主学习指导师指导手册》。

《偷个懒也没关系：让妈妈不焦虑的时间整理术》

- 在英国，已有超过10万人因为这本书的理念彻底改变了生活方式！
- 你是妈妈，更是你自己！
- 从手忙脚乱到从容不迫，从焦头烂额到气定神闲，彻底颠覆对妈妈的角色认知。教你学会忙里偷闲，心安理得地享受"躺平"。